U0194735

常见野花
图鉴

王意成 ⊙编著

中国水利水电出版社
www.waterpub.com.cn
·北京·

内容提要

本书精心挑选了 200 种较为常见的野花，每一种植物首列学名和花期，次之列以别名、科属和分布范围，使读者对该植物先建立起一个大致的印象。正文部分包括该植物的形态特征和生长习性的详细描述和介绍，以及关于该植物的一些小知识。另外，每一种植物都配有 2～5 幅高清的自然原色图，并辅以对应的文字解说，使读者能够从整体和细节上精准辨识该植物。本书兼具审美性与知识性，相信会是读者寻幽访胜之旅的最佳伴侣。

图书在版编目（ＣＩＰ）数据

常见野花图鉴 / 王意成编著. -- 北京 ：中国水利
水电出版社，2018.11
　ISBN 978-7-5170-7056-6

　Ⅰ. ①常… Ⅱ. ①王… Ⅲ. ①野生植物－花卉－图集
Ⅳ. ①Q949.4-64

中国版本图书馆CIP数据核字(2018)第246059号

策划编辑：杨庆川　　　责任编辑：杨元泓　　　加工编辑：张天娇

书　　　名	常见野花图鉴 CHANGJIAN YEHUA TUJIAN	
作　　　者	王意成　编著	
出版发行	中国水利水电出版社 （北京市海淀区玉渊潭南路 1 号 D 座　100038） 网址：www.waterpub.com.cn E-mail：mchannel@263.net（万水） 　　　　sales@waterpub.com.cn 电话：（010）68367658（营销中心）、82562819（万水）	
经　　　售	全国各地新华书店和相关出版物销售网点	
排　　　版	北京万水电子信息有限公司	
印　　　刷	北京市雅迪彩色印刷有限公司	
规　　　格	170mm×240mm　16 开本　16 印张　250 千字	
版　　　次	2018 年 11 月第 1 版　2018 年 11 月第 1 次印刷	
印　　　数	0001—5000 册	
定　　　价	68.00 元	

前言

花是这个世界上最美好的存在，它们形态各异的花冠、五彩缤纷的颜色、清馨馥郁的香味都是我们单调乏味的日常生活中最好的点缀。相关研究表明，生活中有美丽的花相伴，可以使人在一定程度上释放压力、愉悦心情。

一提起花，大多数人立刻会想到公园或花店里那些人工培植的花卉品种，它们大都花色艳丽、香味怡人，特别引人注目。但请不要忘了，在山林荒地、路旁沟边还有无数不起眼的野花，它们也是庞大的"花花世界"的一部分，它们也在为这个世界的美好贡献自己的一份力量。它们的境遇，诚如王维在《辛夷坞》中所言："涧户寂无人，纷纷开且落。"在寂静的山谷里，在寂静的春天里，它们纷纷扬扬，独自开了又落，这种优雅清丽的寂寞和淡然，是否让你不由得心生怜惜、想要给予它们安慰和照拂呢？那就拿起本书，走进山林荒野，去一睹那些"空谷幽兰"的真容吧。

本书以科为纲、以属为领，精心挑选了200种较为常见的野花，不仅包括单纯野生、尚无人工栽培历史的品种，也包括虽有人工栽培历史但在山林荒地仍逸为野生的品种。每一种植物首列学名和花期，次之列以别名、科属和分布范围，使读者对该植物先建立起一个大致的印象。正文部分则包括该植物的形态特征和生长习性的详细描述和介绍，以及关于该植物的一些小知识。另外，每一种植物都配有2～5幅高清的自然原色图，并辅以对应的文字解说，使读者能够从整体和细节上精准辨识该植物。

本书的植物选择精当、图片清晰精美、解说详实精准，兼具审美性与知识性，相信会是读者寻幽访胜之途的最佳伴侣！

目录

百合科 *Liliaceae*

蔷薇科 *Rosaceae*

豆科 *Leguminosae*

毛茛科 *Ranunculaceae*

兰科 *Orchidaceae*

忍冬科 *Caprifoliaceae*

虎耳草科 *Saxifragaceae* ·····································

罂粟科 *Papaveraceae* ·····································

马鞭草科 *Verbenaceae* ·····································

旋花科 Convolvulaceae

十字花科 Cruciferae

报春花科 Primulaceae

菊科
Asteraceae

菊科是双子叶植物纲菊亚纲的第一大科，共有1300多属，25000～30000种，除南极外，广布于世界各地。我国约有220属，近3000种，分布于南北各地。

菊科植物多为草本、亚灌木或灌木，稀为乔木。叶互生，稀对生或轮生，全缘、具齿或分裂；头状花序单生或再排成总状、聚伞状、伞房状或圆锥状等各种花序；花冠常辐射对称或左右对称，管状或舌状；花同型或异型；果为不开裂的下位瘦果，又称连萼瘦果。

比较常见的菊科野花主要来自以下几属：

菊属	菊属植物有30多种，我国有17种。该属植物的头状花序异型，盘花和缘花同时存在或缺缘花。缘花雌性，舌状；盘花两性，管状。
火绒草属	火绒草属植物有56种，我国有40多种。该属植物多数头状花序，同型或异型，雌雄同株或异株。
秋英属	秋英属植物有20～26种，除此之外还有众多的变种和栽培种。该属植物的头状花序异型。缘花舌状，盘花管状。
蒲公英属	蒲公英属植物有2000多种，我国有70种、1变种。该属植物的头状花序同型，全部为舌状花。
红花属	红花属植物有18～20种，我国有2种。该属植物的头状花序多为同型，全部为管状花。
蓟属	蓟属植物有250～300种，我国有50多种。该属植物的头状花序同型，且全部为两性花或全部为雌花。
紫菀属	紫菀属植物约有500种，我国约有100种。该属植物的头状花序异型。缘花舌状，盘花管状。
蒿属	蒿属植物有350多种，我国有186种，44亚种。该属植物的头状花序同型，全部为管状花。
苦苣菜属	苦苣菜属植物约有50种，我国有8种。该属植物的头状花序同型，全部为舌状花。
泥胡菜属	泥胡菜属仅有泥胡菜一种，在我国，除新疆、西藏外，其他各地皆有分布。泥胡菜的头状花序同型，全部为管状花。
牛蒡属	牛蒡属植物约有10种，我国有2种。该属植物的头状花序同型，全部为管状花，多数两性。
豚草属	豚草属植物有数十种，我国有2种。该属植物的头状花序较小，单性，雌雄同株。
橐吾属	橐吾属植物约有150种，我国约有111种。该属植物的头状花序异型。缘花雌性，舌状；盘花两性，管状。
藿香蓟属	藿香蓟属植物有30多种，我国有2种。该属植物的头状花序同型，全部为管状花。

牛膝菊属	牛膝菊属植物有约5种，我国有2种。该属植物的头状花序异型。缘花舌状，少数，雌性；中央盘花管状，两性。
飞蓬属	飞蓬属植物有200多种，我国有35种。该属植物的头状花序异型。缘花雌性，舌状；中央盘花两性，管状。
鬼针草属	鬼针草属植物有230多种，我国有9种、2变种。该属植物的头状花序异型。缘花为舌状花（也有的品种无舌状花而全为筒状花），盘花管状。
款冬属	款冬属仅有款冬一种植物，分布在我国西南部。款冬的头状花序异型。缘花舌状，雌性；中央盘花管状，两性。
千里光属	千里光属植物有1200多种，我国有160多种。该属植物的头状花序通常异型，缘花舌状，盘花管状；或同型，全部为管状花。
醴肠属	醴肠属植物有4种，我国有1种。该属植物的头状花序异型。缘花舌状，雌性；盘花管状，两性。
香青属	香青属植物约有80种，我国有60多种。该属植物的头状花序同型或异型。
金钮扣属	金钮扣属植物约有60种，我国有2种。该属植物的头状花序异型或同型，同型时全部为管状花。
蟛蜞菊属	蟛蜞菊属植物约有60种，我国有5种。该属植物的头状花序异型。缘花舌状，雌性；盘花管状，两性。
黄鹌菜属	黄鹌菜属植物约有50种，我国约有40种。该属植物的头状花序同型，全部为舌状花，两性。
翠菊属	翠菊属仅有翠菊一种植物，原产于我国。翠菊的头状花序异型。缘花雌性，舌状；中央盘花两性，管状。
飞廉属	飞廉属植物约有95种，我国有3种。该属植物的头状花序同型，全部为管状花，两性。
蓍属	蓍属植物约有200种，我国有15种。该属植物的头状花序异型。缘花雌性，舌状；盘花两性，管状。
马兰属	马兰属植物约有20种，我国有7种。该属植物的头状花序异型。缘花舌状，盘花管状。
蒲儿根属	蒲儿根属植物约有36种，我国有35种。该属植物的头状花序异型。缘花雌性，舌状；盘花两性，管状。
蓝刺头属	蓝刺头属植物约有100种，我国有10多种。该属植物的头状花序同型，全部为管状花，两性。
向日葵属	向日葵属植物有52种。该属植物的头状花序异型。缘花舌状，雌性；盘花管状，两性。

蒲公英
Taraxacum mongolicum

别名：华花郎、黄花地丁、婆婆丁、食用蒲公英、尿床草、蒲公草

科属：菊科蒲公英属

分布：我国大部分省份

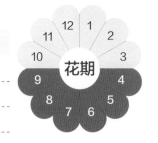

花期

形态特征

多年生草本植物，株高 10 ~ 25 厘米。叶基生，呈莲座状排列，叶片多呈倒卵状披针形、倒披针形，叶缘有时羽状深裂或具有波状齿，基部渐狭，叶柄及主脉常带有红紫色，含白色乳汁；花葶一至数个，上部紫红色；头状花序单一顶生，直径约 3 ~ 4 厘米；舌状花鲜黄色，裂片比较平直，先端五齿裂；瘦果暗褐色，倒卵状披针形，种子上有白色的长冠毛，结成绒球状；根略呈圆锥状，表面棕褐色，皱缩。

生长习性

喜光照充足的环境，半耐寒，宜排水良好的砂质土壤，适应性较强。广泛生于中低海拔地区的荒坡、路旁、水岸边等。

小贴士

蒲公英是药食兼用的植物。生蒲公英富含维生素 A、维生素 C 及钾，在蒲公英开花前摘取其嫩茎叶，洗净控水后可蘸酱生食，清鲜但略苦；也可以焯水后以清水浸洗去除苦味，再凉拌或炒肉丝，亦美味。入药则有清热凉血、消肿解毒的功效。

花葶一至数个，头状花序单一顶生

种子上有白色长冠毛，结成绒球状

舌状花鲜黄色，裂片先端比较平直

菊芋

Helianthus tuberosus

别名：洋姜、洋羌、鬼子姜、五星草、番羌

科属：菊科向日葵属

分布：我国各地

形态特征

多年生宿根性草本植物，株高 1 ~ 3 米。茎直立生长，有分枝，被有白色短刚毛或糙毛；上部叶互生，长椭圆形至阔披针形，下部叶对生，卵圆形或卵状椭圆形，长 10 ~ 16 厘米，叶缘有粗齿，叶柄较长；头状花序较大，单生于枝端；总苞片多层，绿色，披针形；舌状花通常 12 ~ 20 个，裂片黄色，长椭圆形；管状花黄色，长 6 毫米；瘦果楔形，比较小，上端生有 2 ~ 4 个有毛的锥状扁芒；地下茎块状，浅褐色。

生长习性

较耐旱，极耐寒，块茎在 −30℃ 的冻土层中可安全越冬，耐瘠薄，对土壤要求不严，适应性极强，甚至在废墟、舍旁、路边都可以生长。

小贴士

菊芋原产于北美洲，后经欧洲传入中国。其地下块茎富含淀粉、菊糖等果糖多聚物，可以洗净后直接生食，味微甜，多汁。民间多用来腌制咸菜、酱菜或晒制成干菜等。在宅舍附近种植兼有美化环境的作用。

上部叶互生，较细长；下部叶对生，稍阔圆

头状花序较大，单生于枝端，花黄色

波斯菊

Cosmos bipinnata

别名：秋英、大波斯菊

- -

科属：菊科秋英属

- -

分布：我国大部分省份

花期

形态特征

　　一年生或多年生草本植物，株高1～2米。茎纤细直立，无毛或稍被柔毛；叶片二次羽状深裂，裂片线形；头状花序单生于花梗上端，直径3～6厘米，花序梗较长；总苞片多层，淡绿色，近革质；舌状花颜色比较丰富，多为粉红色、紫红色或白色，花瓣呈椭圆状倒卵形，长2～3厘米，先端有3～5个钝齿；管状花居于花盘中央，长6～8毫米，黄色；瘦果无被毛，黑紫色，上端生有长喙；根呈纺锤状，密生须根。

生长习性

　　喜光照充足的环境，耐瘠薄，不耐寒，忌土地过肥，不适应夏季高温，宜排水良好的土壤。常自生于路边、田埂、溪岸等处。

小贴士

　　波斯菊原产于美洲墨西哥，后传入中国，目前栽培甚广。其花序、种子或全草均可入药，味甘性平，有清热下火、消炎解毒、明目化湿的功效。新鲜的波斯菊全草加入适量红糖，捣烂之后敷在患处，可治疗痈疮肿毒等症。

株高1～2米，茎纤细直立

叶片二次羽状深裂，裂片线形

头状花序单生于花梗上端　　　　　花瓣呈椭圆状倒卵形，先端有 3 ～ 5 个钝齿

舌状花颜色丰富，多为粉红色、紫红色或白色

高山火绒草
Leontopodium alpinum

别名：高山薄雪草、雪绒花、小白花

科属：菊科火绒草属

分布：新疆东部、青海东部和北部、甘肃、陕西北部、山西、吉林等

花期

形态特征

多年生草本植物，全株密被白色绵毛，高 10 ~ 80 厘米。茎稍细弱，通常从基部丛生，直立或斜上，不分枝；叶互生，披针形、宽线形或狭线形，全缘，长 1 ~ 4 厘米或更长，基部抱茎；苞叶多数，比茎上部叶大，披针形或线形，成直径 2 ~ 7 厘米的星状苞叶群；头状花序很小，5 ~ 30 个簇生于茎顶，少有单生；花冠长约 3 毫米，雄花花冠漏斗状，雌花花冠丝状；瘦果长圆形，黄褐色，有短毛。

生长习性

生于海拔 1400 ~ 3500 米的高山和亚高山的石砾地、干燥灌丛或干燥草地上，稀生于湿润地，常成片生长。

小贴士

高山火绒草是欧洲著名的高山花卉，被瑞士、罗马尼亚、斯洛文尼亚等国列为保护植物，其中，瑞士还尊其为国花。其精华成分蕴含丰富的矿物质，对肌肤具有舒缓、镇静、美白及滋养保护的作用，是一款天然美容圣品。

茎稍细弱，直立或斜上，不分枝

叶互生，披针形、宽线形或狭线形

苞叶多数，比茎上部叶大，披针形或线形，成直径 2 ~ 7 厘米的星状苞叶群

全株密被白色绵毛

头状花序很小，5 ~ 30 个簇生于茎顶，少有单生

翠菊

Callistephus chinensis

别名：江西腊、七月菊、格桑花

科属：菊科翠菊属

分布：吉林、辽宁、河北、山西、山东、云南以及四川等

花期

12 1 2 3 4 5 6 7 8 9 10 11

形态特征

一年生或二年生草本植物，高 15 ~ 100 厘米。茎单生，直立，具有纵棱，被白色糙毛，不分枝或分枝斜升；叶菱状卵形、卵形或匙形，长 2.5 ~ 6 厘米，自茎基部向上渐小，甚至变成线形，叶缘生有不整齐粗齿，叶面被有疏短硬毛；头状花序单生于茎端，直径 6 ~ 8 厘米；舌状雌花一层，有红色、淡红色、淡紫色、紫色、蓝色等；筒状两性花多数，黄色；瘦果较小，为稍压扁的椭圆状倒披针形，外层冠毛宿存，内层冠毛易脱落。

生长习性

喜阳光充足的湿润环境，不耐涝，耐热力、耐寒力均较差。生长于海拔 30 ~ 2700 米的山坡草丛、荒地、水边或林下阴处。

小贴士

翠菊的野生品种较单一，但其人工栽培的品种非常多，如小行星、矮皇后、迷你小姐、彗星、木偶等。根据株高可以分为矮生种和高秆种两大类，更加繁复美丽，有极高的园艺价值，常用于盆栽、园林造景或庭院观赏。

舌状雌花一层，颜色艳丽

中央两性花筒状，黄色

黄鹌菜
Youngia japonica

别名：毛连连、野芥菜、黄花枝香草、野青菜、还阳草

科属：菊科黄鹌菜属

分布：我国大部分地区

花期 12 1 2 3 4 5 6 7 8 9 10 11

形态特征

　　一年生草本植物，株高10～100厘米。茎绿色，粗壮或纤细，直立生长，单一或少数簇生；叶基生，倒披针形、宽线形或长椭圆形，大头羽状深裂或全裂，被有皱缩长柔毛，叶柄较长；头状花序同型，全部为舌状花，少数或多数在茎枝顶端排成疏散的伞房花序，花序梗较细；舌状小花多数，亮黄色，舌片比较平直；瘦果极小，褐色或红褐色，呈稍压扁的纺锤形，先端无喙，有多条纵肋，具有小刺毛；根垂直直伸，生有许多须根。

生长习性

　　环境适应性极强，对温度、湿度、土壤等无太多要求。常野生于山坡、山沟、田间、荒地、林下或河边沼泽地。

小贴士

　　黄鹌菜含有丰富的膳食纤维，属一级无公害蔬菜，可放心食用。采其嫩茎叶，洗净后入盐水浸泡24小时以除去苦味，然后再炒食或煮食。其花蕾也可食用，连梗采下，洗净后切段腌制成泡菜或油炸后食用。

头状花序少数或多数在茎枝顶端排成疏散的伞房花序

舌状小花多数，亮黄色，舌片比较平直

藿香蓟

Ageratum conyzoides

别名：胜红蓟、一枝香

科属：菊科藿香蓟属

分布：广东、广西、云南、贵州、四川、江西、福建等

花期

形态特征

　　一年生草本植物，株高 50 ～ 100 厘米，有时又不足 10 厘米。茎一般较粗壮，不分枝或自基部分枝，也有的自中部以上分枝，茎枝绿色略染红，被有白色柔毛；叶对生，有时上部互生，茎叶卵形或长圆形，长 3 ～ 8 厘米，自下向上渐小；有时植株全部为小形叶，长仅 1 厘米；头状花序 4 ～ 18 个在茎顶排成紧密或疏散的伞房状花序；花冠淡紫色，檐部五裂；瘦果较小，黑褐色，具有 5 棱，外被白色疏柔毛。

生长习性

　　喜光照充足的环境，不耐寒，适应性较强。野生常见于低海拔到 2800 米的山坡、草地、山沟、林下、河边或田边的荒地上。

小贴士

　　藿香蓟原产于中南美洲，作为杂草现已广泛分布于非洲全境以及印度、印度尼西亚、老挝、柬埔寨、越南等地。其别名除了胜红蓟、一枝香，还有咸虾花、白花草、白毛苦、白花臭草、重阳草、脓泡草、绿升麻、水丁药等。

多个头状花序在茎顶排成紧密的伞房状花序

叶对生，有时上部互生，卵形或长圆形

蟛蜞菊

Wedelia chinensis

别名：路边菊、蟛蜞花、水兰、卤地菊、黄花曲草、鹿舌草、黄花墨菜

科属：菊科蟛蜞菊属

分布：辽宁、福建、台湾、广东、海南、广西、贵州

花期

形态特征

多年生草本植物，植株比较矮小。茎基部或下部匍匐于地，上部近于直立，基部生有多数不定根；单叶对生，倒披针形或条状披针形，长 3 ~ 7 厘米，全缘或具有少数粗齿，两面密被伏毛，无叶柄或叶柄极短；头状花序异型，单生于枝端或叶腋，花序梗较为细长；舌状花雌性，黄色，舌片卵状长圆形，先端 2 或 3 齿裂；筒状花较多数，也是黄色，花冠近钟形，冠檐五裂；瘦果较小，倒卵形，有 3 棱，无冠毛。

生长习性

喜光照，半耐寒，喜排水良好的土壤。常野生于田边、路旁、沟边、山谷或湿润的草地上。

小贴士

蟛蜞菊的干燥全草可入药，味微苦、甘，性凉，归肺、肝经，具有清热消炎、凉血消肿的功效，现代药理研究也证明其有抗肿瘤、抗病毒、抗菌、抗骨质疏松及保肝等作用，常用于感冒发热、咽喉炎、传染性肝炎、腮腺炎、扁桃体炎、肺炎、痔疮、疔疮肿毒等症。

单叶对生，倒披针形或条状披针形，全缘或具有少数粗齿

头状花序单生于枝端或叶腋

鬼针草

Bidens pilosa

别名：鬼钗草、蟹钳草、黏人草、豆渣草

科属：菊科鬼针草属

分布：我国华东、华南、华中、西南各省份

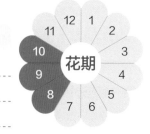

花期

12 1 2 3 4 5 6 7 8 9 10 11

形态特征

一年生草本植物，株高 30 ~ 100 厘米。茎单生，呈钝四棱形，基部直径可达 6 毫米；茎下部叶较小，三裂或不分裂，中部叶有 1.5 ~ 5 厘米长的柄，两侧小叶长 2 ~ 4.5 厘米，呈椭圆形或卵状椭圆形，叶缘有齿，顶生小叶较大；头状花序直径 8 ~ 9 毫米；苞片 7 ~ 8 枚，呈条状匙形；无舌状花，盘花筒状；瘦果黑色，有棱，呈扁条形，顶端长有 3 ~ 4 枚芒刺。

生长习性

喜温暖湿润的气候，土壤以疏松肥沃、富含腐殖质的砂质壤土及黏壤土为宜。广泛分布于亚洲和美洲的热带和亚热带地区，常生于路边、村旁及荒地之中。

小贴士

鬼针草可作药用，具有清热解毒、活血化瘀的功效，对扁桃体炎、急性阑尾炎、胃肠炎、痢疾、疟疾、急性黄疸型肝炎、风湿性关节炎、高血压等症有很好的治疗效果。另外，鬼针草外用还可治疗跌打肿痛、毒蛇咬伤及疮疖等。

盘花筒状，黄色，无舌状花

黑色瘦果有棱，呈扁条形

白花鬼针草

Bidens alba

别名：金杯银盏、金盏银盆、盲肠草

科属：菊科鬼针草属

分布：我国华东、华中、华南、西南地区

形态特征

一年生草本植物，株高 30 ~ 100 厘米。茎单生直立，呈钝四棱形，几乎无毛；茎下部叶三裂或不裂，一般在开花前枯萎；中部叶有长柄，三出的小叶 3 枚，很少为具有 5 ~ 7 小叶的羽状复叶，小叶多卵状椭圆形，长 2 ~ 4.5 厘米，叶缘具齿；头状花序直径约 1 厘米，花序梗较长；缘花舌状，白色，花瓣 5 ~ 7 枚，长约 4 毫米，先端三至五裂；盘花筒状，黄色，冠檐五齿裂；瘦果呈黑褐色，扁条形，顶生芒刺 3 ~ 4 枚。

生长习性

喜光照充足、温暖湿润的环境，半耐寒，宜排水良好的土壤。多生于热带和亚热带地区的村舍边、路旁及荒野。

小贴士

白花鬼针草为我国民间常用草药，味略苦，性微寒，有清热解毒、散瘀消肿的功效，可用于辅助治疗上呼吸道感染、扁桃体炎、咽喉肿痛、胃肠炎、阑尾炎、风湿骨痛、疟疾等症，外用可治烧烫伤、皮肤感染、跌打损伤等。

株高 30 ~ 100 厘米

头状花序直径约 1 厘米，花序梗较长

具有 5 ~ 7 小叶的羽状复叶

红花

Carthamus tinctorius

别名： 红蓝花、刺红花

科属： 菊科红花属

分布： 河南、湖南、四川、新疆、西藏等

花期：7、8、5、6、9、10、11、12、1、2、3、4

形态特征

　　一年生草本植物，株高 30 ～ 100 厘米。茎直立生长，光滑无毛，上部多有分枝；革质叶互生，长椭圆形或披针形，长 7 ～ 15 厘米，叶缘具有各式锯齿，齿端生有细针刺，叶片自茎秆基部向上渐小，质地坚硬有光泽，无叶柄；头状花序单生于茎端，为苞叶所围绕，多个花序在茎端排成伞房花序；总苞呈卵形，苞片 4 层，全部苞片无毛无腺点；小花两性，多为红色或橘红色，花冠长 2.8 厘米，裂片针形；瘦果乳白色，长约 5 毫米，倒卵形，具有 4 肋。

生长习性

　　喜温暖干燥的气候，适应性强，耐寒，耐旱，较耐贫瘠，忌水涝。宜栽培于排水良好、中等肥沃的砂质土壤中。

小贴士

　　红花的嫩叶清洗后焯熟，薄施油盐调味即可食用；红花的种子榨出的油可直接食用，有极佳的保健效果；红花的花可以入药，味辛性温，有活血调经、散瘀止痛的功效。在古代，人们常用红花来给布料染色。

叶互生，长椭圆形或披针形，质地坚硬有光泽

头状花序单生于茎端

小花多红色或橘红色，裂片针形

桂圆菊

Spilanthes paniculata

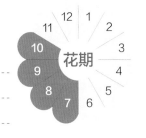

别名：金纽扣、红细水草、散血草

科属：菊科金纽扣属

分布：云南、广东、广西、台湾

花期 12 1 2 3 4 5 6 7 8 9 10 11

形态特征

一年生草本植物，株高 30 ~ 40 厘米。茎直立或斜升，分枝比较多，暗绿色带紫红色，具有纵纹，被毛或光滑；叶对生，卵形、椭圆形或宽卵圆形，长 3 ~ 5 厘米，波状全缘或具有波状钝齿；头状花序单生或多个排列成圆锥状花序，卵圆形，直径 7 ~ 8 毫米；有或无舌状花，花黄色，雌花舌状，舌片宽卵形或近圆形，两性花花冠管状；瘦果暗褐色，极小，呈扁压的长圆形，边缘（有时一侧）有缘毛，顶生 1 ~ 2 个细芒。

生长习性

喜阳光充足、温暖湿润的环境，忌干旱，不耐寒，喜疏松肥沃的土壤。常生于海拔 800 ~ 1900 米的荒地、路旁、田边、沟边、林缘等。

小贴士

桂圆菊可供药用、食用及观赏。其全草入药，有消炎解毒、祛风除湿、消肿止痛、止咳定喘等功效，但有小毒，用时应注意；其嫩叶可作为蔬菜，味辛辣；其花形奇特，花色特殊，可用于盆栽欣赏，也可用于花坛、花境的布置。

叶对生，卵形、椭圆形或宽卵圆形

头状花序卵圆形，直径 7 ~ 8 毫米

飞廉

Carduus nutans

别名： 飞帘、飞轻、天荠、伏猪、伏兔、飞雉、木禾、老牛错、红花草

科属： 菊科飞廉属

分布： 我国天山、准噶尔阿拉套、准噶尔盆地地区

花期：10、11、12、1、2、3、4、5、6、7、8、9

形态特征

二年生或多年生草本植物。茎单生或少数簇生，高 30 ~ 100 厘米，多分枝且分枝细长，茎枝具有条棱，被有疏毛；茎叶披针形或长卵圆形，长 10 ~ 40 厘米，羽状半裂或深裂，裂片顶端生有针刺，无叶柄；头状花序通常下垂或下倾，单生于茎顶或枝端；小花紫色，长 2.5 厘米，檐部五深裂，裂片狭线形；瘦果较小，楔形而稍压扁，灰黄色，长 3.5 毫米，具有浅褐色纹路；冠毛白色，多层，不等长。

生长习性

喜温暖或凉爽气候，耐寒，耐干旱，对土壤要求不严，常生于海拔 540 ~ 2300 米的阴湿、半阴湿地区的路旁、田边和林缘草地。

小贴士

飞廉入药，味微苦，性平，入肺、膀胱、肝三经，有清热利湿、凉血散瘀的功效，主治吐血衄血、功能性子宫出血、泌尿系统感染、痈疖疔疮等症。现代药理研究表明，飞廉还具有降压、止血、抑菌抗菌等作用。

茎叶羽状半裂或深裂，裂片顶端生有针刺

头状花序单生于茎顶或枝端，小花紫色

款冬

Tussilago farfara

别名：冬花、款冬蒲公英、蜂斗菜

科属：菊科款冬属

分布：河北、湖北、四川、陕西、甘肃、内蒙古、新疆、青海等

花期

形态特征

　　多年生草本植物，株高 10～25 厘米。叶基生，心形或卵形，上面暗绿色，下面被有白毛，长 7～15 厘米，先端具有钝角，边缘具有波状疏齿且略带红色，掌状网脉比较明显；花茎绿色略带紫红色，长 5～10 厘米，密被白色短毛，抱茎小叶 10 余片互生，长椭圆形至三角形；头状花序顶生，先于叶长出；黄色舌状花一轮，单性，花瓣先端微凹；筒状花两性，花较小，披针形花瓣 5 片；瘦果呈长椭圆形，冠毛淡黄色，具有纵棱。

生长习性

　　喜凉爽湿润的气候，怕热、怕旱、怕涝，较耐荫蔽，宜肥沃且排水良好的砂质土壤，多野生于山谷、湿地、林下、河边、沙地等处。

小贴士

　　款冬的花蕾晒干后即为中药"冬花"，略带苦味，可搭配绿豆、百合、蜂蜜等制成饮品或煮成花粥，有润燥止咳、清心安神的功效。晒干后的花蕾需置于阴凉干燥处贮存，注意防潮、防蛀。而蜜炙冬花则需密封贮存。

花茎绿色略带紫红色，密被白色短毛

头状花序顶生，花冠黄色

大蓟

Cirsium japonicum

别名：大刺儿菜、大刺盖

科属：菊科蓟属

分布：我国南北各地

花期

	12	1	
11			2
10			3
9			4
8			5
	7	6	

形态特征

多年生草本植物。茎直立，呈圆柱形，有多条纵棱，表面绿褐色或棕褐色，被有丝状毛；基生叶较大，羽状深裂或几乎全裂，长 8 ~ 20 厘米，叶缘具有疏齿和不等长的细针刺；茎生叶较基生叶渐小；头状花序直立，着生于茎顶，呈球形或椭圆形；总苞钟状，黄褐色，多层，呈覆瓦状排列，向内层渐长；管状花红色或紫色；瘦果压扁，偏斜楔形或倒披针形，长 4 毫米，顶端斜截形；块根纺锤状或萝卜状。

生长习性

环境适应性极强，不挑剔，多见于田边、路埂、荒野、山坡等处。

小贴士

大蓟嫩茎叶可食，洗净焯水后以凉水浸泡去其苦涩，捞出控干后可油盐凉拌而食，也可搭配鸡蛋或肉类等炒食，用来做汤、做馅、煮蔬菜粥等也不错，还可以拌面粉蒸食或制作干菜、腌菜。而且大蓟可全草入药，味甘、苦，性凉，有凉血止血、清热降火、祛瘀消肿的功效。

头状花序顶生，管状花红色或紫色

叶羽状深裂，叶缘具有疏齿和细针刺

小蓟

Cirsium setosum

别名：刺儿菜、青青草、蓟蓟草、刺狗牙、刺蓟、枪刀菜、小恶鸡婆

科属：菊科蓟属

分布：除西藏、云南、广东、广西外的我国各地

花期

12 1 2 3 4 5 6 7 8 9 10 11

形态特征

　　多年生草本植物，株高 20 ~ 50 厘米。茎直立，具有纵棱，上部多分枝；基生叶和中部茎叶多长椭圆形或椭圆状倒披针形，上部茎叶较下部叶稍小，披针形或线状披针形，所有叶片均无叶柄，叶缘具有针刺；头状花序直立，单生于茎部顶端，有的数朵在顶端排成疏松的伞房花序；总苞片多层，呈覆瓦状排列，由外层向内层苞片渐长；管状小花白色或紫红色；瘦果常压扁，呈淡黄色，近似椭圆形，长 3 毫米。

生长习性

　　环境适应性极强，耐旱、耐瘠薄。普遍群生于海拔 140 ~ 2650 米的荒野、路埂、田边等处，为常见杂草。

小贴士

　　小蓟的嫩苗、嫩茎叶可食且食法多样，可清炒、做汤、煮蔬菜粥或做包子饺子馅、晒干菜、腌咸菜等。其全株还可入药，味甘、苦，性凉，有凉血止血、清热除烦、散瘀消肿的功效，古方中常用到此味中药。

茎叶互生，披针形或线状披针形，无柄

头状花序单生于茎端，白色或紫红色

千里光

Senecio scandens

别名： 九里明、蔓黄、菀、箭草、青龙梗、木莲草、野菊花、天青红

科属： 菊科千里光属

分布： 河南、陕西、江苏、浙江、广西、四川等

花期

11	12	1
10		2
9		3
8		4
7	6	5

形态特征

多年生攀缘草本植物，高 1～5 米。茎细长弯曲，分枝较多，被有柔毛或无毛，老时变木质；叶片卵状披针形至长三角形，边缘通常具有浅齿或深齿，稀全缘，有时羽状浅裂，叶脉明显；上部叶变小，线状披针形或披针形；头状花序，多数在茎枝端排列成顶生的复聚伞状圆锥花序；舌状花 8～10 片，舌片黄色，长圆形，先端具有 3 细齿；管状花多数，黄色，檐部漏斗状；瘦果较小，圆柱形，冠毛白色；根状茎木质，较粗壮。

生长习性

喜光照，半耐寒，耐干旱、耐潮湿，适应性较强，对土壤条件要求不严，但以砂质壤土及黏壤土较好。常野生于山坡、林下或路旁。

小贴士

千里光全草入药，味苦，性凉，有小毒，具有平肝明目、清热凉血、消肿解毒、杀虫止痒等功效，可用于辅助治疗流感、风热咳喘、目赤红肿、伤寒、痢疾、目翳、痈肿疖毒、过敏性皮炎、烧烫伤、丹毒、湿疹、痔疮等症。

叶片卵状披针形至长三角形，边缘通常具有浅齿或深齿

多个头状花序排成复聚伞状圆锥花序

蒲儿根

Sinosenecio oldhamianus

别名：猫耳朵、肥猪苗

科属：菊科蒲儿根属

分布：我国华东、中南、西南地区及陕西、甘肃等

花期 12 1 2 3 4 5 6 7 8 9 10 11

形态特征

　　二年生或多年生草本植物，株高40～80厘米或更高。茎直立，单一或略分枝；基部叶柄长，花期凋落；下部茎叶柄稍短，近圆形或卵圆形，长3～8厘米，叶缘具有浅至深重齿或重锯齿，掌状5脉；上部叶渐小，卵形或卵状三角形，具有短柄；多个头状花序常排列成顶生的复伞房状花序；黄色舌状花一轮，舌片长圆形；管状花多数，黄色，檐部钟状；瘦果较小，圆柱形，有纵棱，冠毛白色；木质根状茎比较粗，具有纤维根。

生长习性

　　喜光照充足的环境，耐寒，喜排水良好的土壤，生长势强，常野生于林下较为阴湿处、山坡、路旁或水沟边。

小贴士

　　蒲儿根全草可入药，一般在春、夏、秋三季采收，洗净后鲜用或晒干。该药性凉，味辛、苦，有小毒，归心、膀胱经，有清热解毒、排脓消痈等功效，可用于治疗疮痈肿痛、跌打损伤等症。外用时，鲜草捣烂敷，干品研末敷。

叶近圆形或卵圆形，叶缘具有浅至深重齿或重锯齿

多个头状花序常排列成复伞房状花序

豚草

Ambrosia artemisiifolia

花期

别名：豕草、普通豚草、艾叶破布草、美洲艾

科属：菊科豚草属

分布：我国东北、华北、华中和华东等地区

形态特征

一年生草本植物，株高 20～150 厘米。茎直立生长，具有棱，被有糙毛，上部多分枝；下部叶对生，柄短，二次羽裂，裂片倒披针形或长圆形，中脉显著，上面深绿色，背面灰绿色；上部叶互生，无柄，羽状分裂；雄头状花序卵形或半球形，有短花梗，常下垂，多数在枝顶组成极长的总状花序，不育小花淡黄色；雌头状花序无梗，单生于下部叶腋或 2～3 个密集成团伞状；瘦果较小，呈倒卵形，无被毛，藏于总苞中。

生长习性

喜湿怕旱，抗寒性较强，环境适应性极强。常野生于较为湿润的荒地、山坡、林缘、草地、农田等处，为常见杂草。

小贴士

豚草是极强的侵略物种，能对土地和农作物造成极大的破坏，对生态环境产生较大的威胁。豚草对人的直接危害则是花粉，其花粉中含有水溶性蛋白，与人接触后可迅速释放，引起变态（超敏）反应，是秋季花粉过敏症的主要致病原。

雄头状花序卵形或半球形，多数在枝顶组成总状花序

叶羽状分裂，裂片倒披针形或长圆形

蓝刺头

Echinops sphaerocephalus

别名：禹州漏芦、蓝星球

科属：菊科蓝刺头属

分布：我国东北地区及内蒙古、甘肃、宁夏、河北、山西和新疆等

花期
12 1 2 3 4 5 6 7 8 9 10 11

形态特征

多年生草本植物，株高 50 ~ 150 厘米。茎高大粗壮，单生，上部分枝长短不一，所有茎枝皆被毛；基部叶和茎下部叶宽披针形，长 15 ~ 25 厘米，羽状半裂，裂片 3 ~ 5 对，披针形或三角形，边缘具有刺齿，顶端有针刺；茎上部叶同形而渐小；多数小花密集组成顶生的复头状花序，圆球形，直径 4 ~ 5.5 厘米；小花淡蓝色或白色，冠檐五深裂，裂片线形；瘦果较小，倒圆锥状，密被黄色长直毛。

生长习性

喜凉爽气候，耐旱、耐寒、耐瘠薄，忌炎热、湿涝，环境适应性强。常野生于海拔1200 ~ 2000 米的高山、草甸和向阳的山坡。

小贴士

蓝刺头一身是宝，可一花多用：它是一种良好的夏花型宿根花卉，其球形的复头状花序别致可爱，花色纯美且植株高大、株型匀称，可用于切花生产和园林绿化，丛植或片植皆宜。它也是一种优良的蜜源植物，还具有一定的药用价值。

多数小花密集组成顶生的复头状花序

小花淡蓝色或白色，冠檐五深裂

齿叶橐吾
Ligularia dentata

别名：大救驾、大齿橐吾

科属：菊科橐吾属

分布：山西、陕西、甘肃、湖南、湖北、四川、贵州

花期

12 1 2 3 4 5 6 7 8 9 10 11

形态特征

多年生草本植物，株高 30 ~ 120 厘米。茎直立生长，基部粗壮，上部多有分枝；茎下部叶具有极长的粗柄，叶片肾形，长 7 ~ 30 厘米，叶缘具有规则的锯齿，齿间生有睫毛，叶脉掌状，主脉明显；茎中上部叶与下部叶同形而较小，柄渐短至无柄；多个头状花序组成伞房状或复伞房状花序，花序梗较长；舌状花黄色，舌片狭长圆形，长达 5 厘米；管状花多数，冠毛红褐色；瘦果圆柱形，具有肋，较光滑；肉质根多数，粗壮。

生长习性

喜光照充足的环境，耐寒、耐旱，适应性强。常野生于海拔 650 ~ 3200 米的水边、向阳山坡、灌丛、林缘或林中。

小贴士

齿叶橐吾的株型大小与其生地有关，通常生于江南地区的植株较高大粗壮，而生于东北地区的植株比较瘦小细弱。齿叶橐吾的根可以入药，性微温，味辛，有散瘀止痛、舒筋活血的功效，可用于治疗跌打损伤、月经不调、疮痈肿毒等症。

叶片肾形，叶缘具有规则的锯齿

舌状花黄色，舌片狭长圆形

马兰

Kalimeris indica

别名：路边菊、田边菊、泥鳅菜、泥鳅串、蓑衣莲

科属：菊科马兰属

分布：江苏、浙江、福建、安徽、湖北、陕西、四川、湖南、江西等

形态特征

多年生宿根性草本植物，株高30~70厘米，丛生。茎直立生长，上部有短毛，上部或中上部有分枝。茎叶倒卵状长圆形或倒披针形，长3~6厘米或更长，中部以上的边缘具有钝齿或尖齿或羽裂；上部叶小，全缘；全部叶片质稍薄，两面疏被微毛或近无毛，中脉显著；头状花序单一顶生，多数排列成疏伞房状；舌状花一轮，舌片淡紫色，长约1厘米；管状花多数，被有短密毛；瘦果为压扁的倒卵状矩圆形，褐色，冠毛不等长。

生长习性

喜肥沃土壤，耐旱亦耐涝，生长势强。常野生于菜园、农田、路旁或沟渠边。

小贴士

马兰以全草或根入药，性微寒，味辛，归肝、肾、胃、大肠经，有败毒抗癌、凉血散瘀、清热利湿、消肿止痛的功效。现代药理研究表明，马兰还有抗癌、抗肿瘤、抑菌等作用。此外，其幼嫩的地上茎叶是一种营养丰富的蔬菜，可以炒食、凉拌或做汤。

舌状花一轮，舌片淡紫色，长约1厘米

头状花序单生于枝端

泥胡菜

Hemistepta lyrata

别名：石灰菜、花苦荬菜、猪兜菜、剪刀草、绒球

科属：菊科泥胡菜属

分布：除新疆、西藏外的我国各地

花期

形态特征

　　一年生草本植物，株高 30 ～ 100 厘米。茎纤细单生，上部多分枝；基生叶长椭圆形或倒披针形，中下部的茎叶与基生叶同形而更长，全部的叶片大头羽状深裂或几乎全裂，质地较为纤薄，两面异色，叶柄自基部向上渐短；少数或多数头状花序在茎枝顶端排成疏松的伞房花序；总苞宽钟状或半球形，多层，作覆瓦状排列；小花紫色或红色，花冠裂片线形，长 2.5 毫米；瘦果小，扁楔形，呈深褐色。

生长习性

　　喜光照充足的环境，极耐寒，宜湿润土壤。多生于海拔 50 ～ 3000 米的丘陵、林下、谷地、水塘边和荒草坡。

小贴士

　　泥胡菜一属仅泥胡菜一种，它是一种野生牧草，但其嫩茎叶也可以供人食用。泥胡菜汆烫后色泽碧绿，江浙一带常在清明节时用来做青团。另外，泥胡菜全草可入药，具有清热解毒、消肿散结的功效。

头状花序在茎枝顶端排成疏松的伞房花序

小花紫色或红色，裂片线形

香青

Anaphalis sinica

别名：通肠香、荻、籁箫、天青地白

科属：菊科香青属

分布：我国北部、中部、东部及南部地区

花期

形态特征

　　草本植物，全株密被绵毛。茎直立，高 20 ~ 50 厘米，常丛生，或疏或密，或粗或细，通常不分枝或在花后及断茎上分枝；叶密生于茎上，下部叶于花期枯萎，中部叶倒披针状长圆形、长圆形或线形，上部叶披针状线形，莲座状叶的顶端稍钝或呈圆形；头状花序多数或极多数，密集成复伞房状；花极小，白色，花冠长 2.8 ~ 3 毫米；瘦果也极小，长 0.7 ~ 1 毫米，外皮生有小腺点；根状茎木质，细或粗。

生长习性

　　喜光照充足的环境，极耐寒，宜排水良好的土壤。常生于海拔 400 ~ 2000 米的低山或亚高山的山坡、草地、灌丛和溪岸。

小贴士

　　香青有许多变种，各自形态稍异。香青以全草入药，性温，味辛、苦，具有镇咳平喘、祛痰、解表祛风、消炎止痛等功效，可用于辅助治疗急性胃肠炎、痢疾、感冒头痛、慢性气管炎等症，通常捣烂取汁饮服或水煎服。

头状花序多数或极多数，密集成复伞房状

花极小，白色，花冠长 2.8 ~ 3 毫米

一年蓬

Erigeron annuus

别名： 千层塔、治疟草、野蒿

科属： 菊科飞蓬属

分布： 吉林、河北、山东、河南、江苏、浙江、江西、湖南、四川等

花期
12 1 2 3 4 5 6 7 8 9 10 11

形态特征

　　一年生或二年生草本植物，株高 30 ~ 100 厘米。茎绿色，粗壮直立，密被硬毛，上部有分枝；基部叶宽卵形或长圆形，长 4 ~ 17 厘米，顶端尖或钝，基部渐狭成翼柄，叶缘具有粗齿，于花期枯萎；茎生叶互生，与基生叶基本同形而渐小，叶柄渐短；头状花序直径约 1.5 厘米，在茎端排列成疏松的圆锥花序或伞房花序；外缘平展，二至数层，白色或略带紫色，中央盘花管状，黄色。

生长习性

　　喜光照充足的环境，比较耐寒，宜排水良好的肥沃土壤，也较耐瘠薄。常野生于山坡、路边、荒地或旷野。

小贴士

　　三四月时可采一年蓬的幼苗或嫩叶食用，沸水焯烫、清水淘洗后加油盐凉拌，颜色翠绿，清鲜爽口。此外，一年蓬全草可入药，味甘、苦，性凉，有促进消化、涩肠止泻、清热解毒、截疟的功效，常用于治疗消化不良、胃肠炎、疟疾等症。

头状花序排列成疏松的圆锥花序

舌状花平展，白色或略带紫色

野菊

Dendranthema indicum

别名：野黄菊、苦薏

科属：菊科菊属

分布：我国各地

花期 12 1 2 3 4 5 6 7 8 9 10 11

形态特征

多年生草本植物，株高0.25~1米。茎直立生长或铺散于地，多有分枝，被有疏毛；单叶互生，叶卵形、椭圆状卵形或长卵形，长3~10厘米，1~2回奇数羽状深裂，裂片长椭圆状卵形，叶柄长1~2厘米；头状花序直径1.5~2.5厘米，通常多花聚集在茎枝顶端，排列成疏松的伞房状圆锥花序或伞房花序；缘花舌状，多为黄色，舌片长约1厘米；中央盘花管状，多数，深黄色；瘦果较小，长1.5~1.8毫米。

生长习性

喜凉爽湿润的气候，比较耐寒，对土壤要求不严。多生于山坡草地、河边湿地、灌丛、荒地、路旁等野生地带。

小贴士

野菊品种非常多，因为地域差异，它们在整体形态、叶形、叶序、伞房花序式样以及茎叶毛被等方面呈现出极大的多样性。江西庐山地区的野菊，其叶片下面有较多的毛被物；浙江的野菊中有一种其叶片在干燥后会变成橄榄色；山东滨海生于盐渍土的野菊则植株矮小，叶片比较肥厚。

多个头状花序常聚集排列成疏松的伞房花序

缘花舌状，黄色

牛膝菊

Galinsoga parviflora

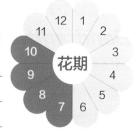

花期

别名： 辣子草、向阳花、珍珠草、铜锤草

科属： 菊科牛膝菊属

分布： 四川、云南、贵州、西藏等

形态特征

　　一年生草本植物，株高 10 ～ 80 厘米。茎纤细或粗壮，不分枝或自基部分枝，被有短绒毛；叶对生，长椭圆状卵形或卵形，长 2 ～ 5 厘米，触感粗涩，被有白色稀疏短柔毛，叶缘具有钝齿或波状浅齿；头状花序呈半球形，直径约 3 厘米，花梗较长，多数在茎枝顶端排成疏松的伞房花序；外缘舌状花白色，有花瓣 4 ～ 5 枚，排列稀疏，花瓣顶端 3 齿裂；中央盘花管状，黄色；瘦果很小，黑色或黑褐色，被有白色微毛，常压扁。

生长习性

　　喜冷凉气候，不耐热，夏季高温时易枯死，宜肥沃且湿润的土壤。多生于林下、废地、荒野、河谷地、田间或路边。

小贴士

　　牛膝菊既可食用，亦可入药，还可作观赏植物。其嫩茎叶有异香，风味独特，营养丰富，食法多样；其全草和花序都可药用，能止血、消炎、清肝明目；其植株小巧，花序玲珑可爱，有较高的园艺价值。

头状花序排成疏松的伞房花序

叶对生，长椭圆状卵形或卵形，叶缘有齿

舌状花白色，花瓣顶端 3 齿裂

紫菀

Aster tataricus

别名：青菀、紫倩、小辫、返魂草、山白菜

科属：菊科紫菀属

分布：黑龙江、吉林、辽宁、山西、河北、陕西及内蒙古东部、南部

花期
12 1 2 3 4 5 6 7 8 9 10 11

形态特征

多年生草本植物，株高 40 ~ 50 厘米。茎直立生长，较粗壮，具有凹槽，被有稀疏的粗毛，基部生有不定根；基部叶在花期枯落，下部叶呈匙状长圆形，中部叶长圆形或长圆状披针形，上部叶狭小；全部叶厚纸质，无柄，全缘或有浅齿，被有短糙毛；头状花序多数，在茎顶和枝端排列成复伞房状；舌状花一轮，舌片蓝紫色，长 15 ~ 17 毫米；管状花多数，黄色；瘦果紫褐色，较小，倒卵状长圆形，冠毛污白色或带红色。

生长习性

喜光照充足的环境，耐寒性较强，耐涝，怕干旱。常生于海拔 400 ~ 2000 米的山顶、低山草地、阴坡湿地、沼泽地。

小贴士

紫菀的干燥全草可入药，味苦，性温，具有温肺下气、消痰止咳等功效。可用于辅助治疗风寒、咳嗽、气喘、喉痹、虚劳咳吐脓血、小便不利等症。现代药理研究表明，紫菀还有祛痰、抗菌、抗病毒、抑制肿瘤等作用。

头状花序多数，在茎顶和枝端排列成复伞房状

舌状花蓝紫色，管状花黄色

蓍草

Achillea sibirca

别名：一支蒿、蜈蚣草、蜈蚣蒿、飞天蜈蚣、锯草

科属：菊科蓍属

分布：我国东北、华北地区及宁夏、甘肃、河南等

花期

12 1 2 3 4 5 6 7 8 9 10 11

形态特征

多年生草本植物，株高 35 ~ 100 厘米。茎直立生长，不分枝或有时上部分枝，下部光滑无毛，中部以上密被长毛；下部叶在花期凋落，中部叶多为长圆形，长 4 ~ 6.5 厘米，二回羽状全裂，无叶柄；头状花序异型，多数排列成复伞房状花序；总苞 3 层，覆瓦状排列；花极小，缘花舌状，舌片白色，稀带淡粉色边缘；中央盘花管状，淡黄色或白色，长约 3 毫米；瘦果也较小，长圆状楔形，长 2.5 毫米，具有翅；根状茎粗短。

生长习性

喜光照充足、温暖湿润的气候，极耐寒，对土壤要求不严，但排水良好的土壤最佳。多野生于向阳的坡地、林缘、路旁及灌丛间。

小贴士

远古人们常用蓍草来进行占卜问卦，他们认为此草非圣人之地而不生。另外，蓍草可入药，味辛、苦，性平，有小毒，能益气、明目、祛风止痛、活血解毒、润泽肌肤。现代药理研究表明，蓍草还有抗菌、抗炎、解热镇痛等作用。

头状花序异型，多数排列成复伞房状花序

舌状花白色，稀带淡粉色边缘

苦苣菜

Sonchus oleraceus

别名：苦菜、苦荬菜、滇苦菜、小鹅菜、拒马菜、扎库日

科属：菊科苦苣菜属

分布：我国东北、华北和西北地区

花期
12 1 2 3 4 5 6 7 8 9 10 11

形态特征

一年生或二年生草本植物，株高 40 ～ 150 厘米。茎单生直立，具有纵棱，光滑无毛；叶多形，羽状深裂，倒披针形或椭圆形，基部抱茎或半抱茎，质地较薄，边缘有锯齿；头状花序单独顶生，也有的在茎顶排成伞房花序或总状花序；总苞呈宽钟状，总苞片 3 ～ 4 层，覆瓦状排列，由外层向内层渐长；舌状小花黄色；瘦果褐色，呈压扁的椭圆形，较小，长约 3 毫米，冠毛白色；根呈圆锥状，密生纤维状须根。

生长习性

喜光照充足的环境，耐寒，宜排水良好的土壤。多生于海拔 170 ～ 3200 米的路旁、田间、荒地、林缘或近水处。

小贴士

苦苣菜的嫩茎叶含有丰富的胡萝卜素，可生食，也可用沸水焯烫、清水浸泡后凉拌、蘸酱或炒食；苦苣菜全草可入药，有清热凉血、祛湿解毒的功效。除此之外，苦苣菜还是一种优良的青绿饲料，可用来喂养家禽家畜。

叶多羽状深裂，基部抱茎或半抱茎，边缘有锯齿

舌状小花黄色

牛蒡

Arctium lappa

别名：牛蒡子、大力子、恶实、东洋参

科属：菊科牛蒡属

分布：台湾、山东、江苏、陕西、河南、湖北、安徽、浙江等

花期

形态特征

二年生草本植物。茎粗壮直立，高可达2米，通常紫红色或淡紫红色，上部分枝较多；基生叶呈宽卵形，有长柄，茎生叶与基生叶同形而渐小，皆密被白色短柔毛；头状花序多数，在茎的顶端排成疏松的伞房花序；总苞有多层，呈卵球形，直径1.5～2厘米；管状花紫红色，花冠长1.4厘米；瘦果两侧压扁，倒长卵形或偏斜倒长卵形，具有浅褐色冠毛；肉质直根粗大，长达15厘米，直径可达2厘米。

生长习性

喜光照充足、温暖湿润的环境，耐热、耐旱，较耐寒。多野生于海拔750～3500米的山坡、山谷、灌木丛中。

小贴士

关于牛蒡的现代研究表明，牛蒡具有显著的抗菌作用，牛蒡全株都含有抗菌成分，尤其是叶子，主要抗金黄色葡萄球菌。而且牛蒡子水提物有降血糖的作用，能显著而持久地降低实验大鼠的血糖，增高碳水化合物耐受量。

头状花序于茎顶排成疏松的伞房花序

管状花紫红色

青蒿
Artemisia carvifolia

别名：草蒿、邪蒿、香蒿、白染艮、苦蒿等

科属：菊科蒿属

分布：我国大部分省份

花期 12 1 2 3 4 5 6 7 8 9 10 11

形态特征

　　一年生草本植物，植株有香气。茎直立单生，纤细无毛，高 30 ~ 150 厘米，上部多有分枝，下部稍木质化；叶互生，两面青绿色或淡绿色，多次栉齿状羽状分裂，裂片略呈线状披针形；头状花序较小，常下垂，半球形或近半球形，直径 3.5 ~ 4 毫米，在分枝上排成穗状花序式的总状花序，并在茎上组成较为开展的圆锥花序；小花淡黄色，花冠狭管状，檐部 2 齿裂，花柱略高于花冠；瘦果较小，长圆形至椭圆形。

生长习性

　　环境适应性较强，对土壤要求不严。常星散地生于低海拔地区较湿润的水岸边、山野、林下、路边、荒地等处。

小贴士

　　青蒿的嫩茎叶可食，南方常用来做成面食，俗称"蒿团"或"青团"，为清明节气菜的一种。青蒿也可全草入药，是著名的截疟之药。另外，青蒿以重庆酉阳所产质量最优，故酉阳享有"世界青蒿之乡"的美誉。

茎单生，高 30 ~ 150 厘米，上部多有分枝

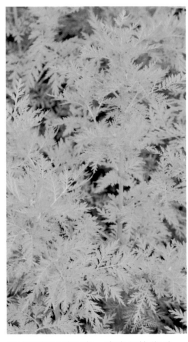

叶青绿色或淡绿色，多次羽状分裂

醴肠

Eclipta prostrata

别名：旱莲草、墨草

科属：菊科醴肠属

分布：我国中南部

花期

12 1 2 3 4 5 6 7 8 9 10 11

形态特征

一年生草本植物，高 15 ~ 60 厘米。茎绿色或红褐色，直立生长或匍匐，自基部或上部分枝，被有伏毛，茎、叶折断处会有墨水样的汁液流出；叶对生，叶片椭圆状披针形、长披针形或条状披针形，全缘或有细锯齿，无柄或基部叶有柄，被有粗伏毛；头状花序异型，单独腋生或顶生；缘花白色，舌状，先端有时二裂；中央盘花淡黄色，筒状，檐部四裂；舌状花的瘦果呈四棱形，筒状花的瘦果呈三棱形，表面都有瘤状突起，无冠毛。

生长习性

喜光照充足的环境，半耐寒，喜湿润的土壤。常生于海拔较低的湿润地带和水田中，会对其他农作物造成危害。

小贴士

醴肠的全草可供药用，性寒，味甘、酸，能够补肾阴、止血痢，又能乌须发、固齿牙，是一种滋养性的药剂。此外，醴肠的幼苗或嫩茎叶还可以食用，采集后清水洗净入沸水焯烫，捞起沥干晾凉，可凉拌或炒食。

叶对生，长披针形、椭圆状披针形或条状披针形

舌状缘花白色，筒状盘花淡黄色

唇形科
Labiatae

唇形科是双子叶植物纲中较大的一个科，约220属，3500多种，主要分布在地中海沿岸和近中东亚地区。我国有99属，800多种，遍布南北各地。唇形科植物以富含多种芳香油而著称，其中有不少芳香油成分可供药用，如薄荷、百里香、薰衣草、罗勒、迷迭香等。

唇形科植物多为草本、半灌木或灌木，极稀乔木或藤本。茎常具有四棱或沟槽，枝条对生或轮生；叶多为单叶，对生，稀轮生，全缘、具齿或深裂、浅裂；花序通常为单歧聚伞式、二歧聚伞式或轮伞花序，以及由多个轮伞花序组成的总状、穗状、圆锥状等复合花序；花冠合瓣，花冠筒直或弯，冠檐多五裂，通常经过不同形式和程度的联合而成为二唇形；根纤维状，稀增厚成纺锤形，极稀具有小块根。

比较常见的唇形科野花主要来自以下几属：

益母草属	益母草属植物约有20种，我国有12种、2变种。该属植物为腋生的轮伞花序，小花白色、淡红色至紫红色。
夏枯草属	夏枯草属植物有15种，我国有4种、3变种。该属植物花序顶生，为多个轮伞花序聚集成的卵状或卵圆状穗状花序。
薄荷属	薄荷属植物约有30种，我国连栽培种在内的共有12种。该属植物为腋生的轮伞花序，小花白色或淡粉色。
罗勒属	罗勒属植物有100～150种，我国连栽培种在内的共有5种、3变种。该属植物为多个轮伞花序组成的穗或总状花序，小花白色或紫色。
香薷属	香薷属植物约有40种，我国有33种、15变种和5变型。该属植物为轮伞花序组成的穗状或球状花序，密接或有时在下部间断。
藿香属	藿香属植物有9种，我国有1种。该属植物为多花的轮伞花序聚集成的顶生的假穗状花序。
牛至属	牛至属植物有15～20种，我国有1种。该属植物为多花密集的小穗状花序组成的复伞房状圆锥花序。
风轮菜属	风轮菜属植物约有20种，我国有11种、5变种和1变型。该属植物为少花或多花的轮伞花序聚集成的紧缩圆锥花序或多头圆锥花序。
夏至草属	夏至草属植物有4种，我国有3种。该属植物为腋生的轮伞花序，小花白色、黄色至褐紫色。
野芝麻属	野芝麻属植物约有40种，我国有3种。该属植物为轮伞花序，具有花4～14朵，花冠紫红色、粉红色、浅黄色至污白色。
鼠尾草属	鼠尾草属植物有900多种，我国有79种。该属植物为多个轮伞花序组成的总状花序、总状圆锥花序或穗状花序。

紫苏属	紫苏属植物只有紫苏1种及其3变种。该属植物为多个2花的轮伞花序组成顶生和腋生、偏向一侧的总状花序。
百里香属	百里香属植物有300～400种，我国有11种、2变种。该属植物为多个轮伞花序紧密排成的头状花序或疏松排成的穗状花序。
黄芩属	黄芩属植物约300种，我国约有100种。该属植物的花序为多个轮伞花序紧密排成的总状或穗状花序。
糙苏属	糙苏属植物有100多种，我国有41种、15变种和10变型。该属植物的花序为多花密集组成的轮伞花序。
活血丹属	活血丹属植物有8种、4变种，我国有5种、2变种。该属植物为疏花的轮伞花序，一般2～6朵，稀有6朵以上。
筋骨草属	筋骨草属植物有40～50种，我国有18种、11变种和5变型。该属植物的花序是由多个疏花的轮伞花序组成的间断或密集的穗状花序。

活血丹
Glechoma longituba

别名：遍地香、地钱儿、钹儿草、连钱草、铜钱草、白耳莫、乳香藤

科属：唇形科活血丹属

分布：除青海、甘肃、新疆、西藏外的我国各地

形态特征

多年生草本植物，高 10 ～ 30 厘米，具有匍匐茎。茎呈四棱形，基部通常呈淡紫红色，几乎无毛，幼嫩部分略被毛；草质叶近肾形或心形，自下而上由小渐大，叶缘具有圆齿或粗圆齿，被有疏毛或微柔毛，叶脉不明显，叶背边缘常带紫色，叶柄极长；轮伞花序通常 2 花，稀 4 ～ 6 花；花冠淡蓝色、蓝色至紫色，冠檐二唇形，上唇直立，下唇具有深色斑点，三裂；小坚果较小，长圆状卵形，成熟时变为深褐色，无被毛，果脐不明显。

生长习性

喜半阴且温暖潮湿的气候，环境适应性强。多野生于海拔 50 ～ 2000 米的林缘、林下、草地、溪边等阴湿处。

小贴士

活血丹全草可以入药，一般 4 ～ 5 月采收，晒干或鲜用。该药性凉，味苦、辛，归肝、胆、膀胱经，能清热解毒、散瘀消肿、利湿通淋。现代药理研究表明，活血丹还有利胆、利尿、溶解结石、抑菌等作用。

花冠淡蓝色、蓝色至紫色，冠檐二唇形

草质叶近肾形或心形，叶缘具有圆齿

黄芩

Scutellaria baicalensis

别名：山茶根、土金茶根

科属：唇形科黄芩属

分布：我国北方大部分地区

形态特征

多年生草本植物，株高 30～120 厘米。茎基部伏地，上升，自基部多分枝，呈钝四棱形，具有细条纹，近无毛或微被柔毛，绿色或略带紫色；叶坚纸质，披针形至线状披针形，长 1.5～4.5 厘米，全缘，两面被毛，叶柄极短；总状花序长 7～15 厘米，顶生，常再聚成圆锥花序；花冠紫色、紫红色或蓝色，冠檐二唇形，上唇盔状，下唇三裂；小坚果卵球形，黑褐色，具有多数小突起；肉质根茎肥厚，直径达 2 厘米，伸长而分枝。

生长习性

喜温暖，耐严寒、耐旱，忌水涝、忌高温、忌连作。常野生于海拔 60～2000 米的山顶、山坡、林缘、路旁等向阳较干燥的地方。

小贴士

黄芩是一味常用的中药，性寒，味苦，入心、肺、胆、大肠经，能泻实火、除湿热、止血、安胎。现代药理研究表明，黄芩还有抗菌、抗真菌、抗炎、抗变态、抗病毒、抗凝血、抗癌、抗氧化、降血压、保肝利胆等作用。

叶披针形至线状披针形，叶柄极短

花冠紫色、紫红色或蓝色，冠檐二唇形

韩信草

Scutellaria indica

别名：耳挖草、金茶匙、牙刷草

科属：唇形科黄芩属

分布：江苏、浙江、福建、台湾、广东、广西、湖南、河南、四川等

花期
	12	1
11		2
10		3
9		4
8		5
7	6	

形态特征

多年生草本植物，全体被毛，高 10 ～ 37 厘米。茎直立生长而基部倾卧，呈四棱形，被有微毛，分枝或不分枝；叶草质至近坚纸质，对生，心状卵圆形或肾形，叶缘具有圆齿，两面密生细毛；多个轮伞花序常集成偏向一侧的顶生总状花序；小花淡紫色，花冠管细长，至喉部稍增大，花冠二唇形，上唇盔状，先端内凹，下唇三裂；坚果较小，呈卵圆形，具有小瘤状突起，熟时暗褐色或栗色；根茎短，具有多数纤维根。

生长习性

喜湿润、蔽荫或部分遮阴的环境，对土壤要求不严。常野生于海拔 1500 米以下的山地或丘陵、田间、疏林下、溪边、路旁及草地上。

小贴士

韩信草植株矮小，叶子非常可爱，像一把带花边的尖头小铲子，花色清丽淡雅，具有极高的观赏价值，宜用于盆花及花坛栽培，也可用于园林造景或地栽。另外，韩信草可全草入药，性寒味苦，无毒，能平肝消热。

多个轮伞花序常集成顶生的总状花序

小花淡紫色，花冠二唇形

金疮小草

Ajuga decumbens

别名：苦草、散血草、白毛夏枯草

科属：唇形科筋骨草属

分布：我国长江以南各省份

花期

形态特征

　　一年生或二年生草本植物。茎平卧或上升，长 10 ~ 20 厘米，被有白色长柔毛，幼嫩部分尤多；纸质叶倒卵状披针形或匙形，长 3 ~ 6 厘米或更长，叶缘具有不规则波状圆齿或浅齿，两面被有疏毛，脉上尤密，叶柄紫绿色或浅绿色，具有狭翅；轮伞花序多花，排列成间断的穗状轮伞花序，顶端花轮最密；花冠管状，淡红紫色或淡蓝色，长约 1 厘米，外被疏柔毛，冠檐二唇形，上唇短，下唇宽大；坚果较小，倒卵状三棱形，具有网纹。

生长习性

　　常野生于海拔 360 ~ 1400 米的草地、溪边、路旁、林下及湿润的草坡上。

小贴士

　　金疮小草全草可入药，春、夏、秋三季均可采集，晒干或鲜用。该药性寒，味苦，有清热解毒、凉血平肝的功效，能治疗痈疽疔疮、乳痈、咽喉炎、烫伤及外伤出血等症。现代药理研究表明，金疮小草还有镇咳祛痰、平喘、抗炎免疫、抗菌、抗病毒等作用。

叶倒卵状披针形或匙形，叶缘具有不规则波状齿

轮伞花序多花，淡红紫色或淡蓝色

益母草
Leonurus artemisia

别名：坤草、九重楼、云母草、森蒂

科属：唇形科益母草属

分布：我国各地

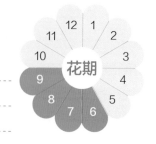

花期

形态特征

一年生或二年生草本植物，株高 30 ~ 120 厘米。茎呈钝四棱形，微有凹槽，被有粗糙伏毛，基部多有分枝；茎下部叶多呈卵形，掌状三裂，叶脉比较明显，叶柄纤细；茎中上部叶较下部叶稍细小，呈菱形，通常也三裂；轮伞花序腋生，具有花 8 ~ 15 朵，近似球形；花冠淡紫红色或粉红色，长 1 ~ 1.2 厘米，二唇形，上唇长圆形，直伸，内凹，下唇三裂，略短于上唇；小坚果淡褐色且光滑，呈长圆的三棱形。

生长习性

喜光照充足、温暖潮湿的环境，较耐寒，宜排水良好的土壤。多野生于荒地、田埂、河边、草地、路旁等。

小贴士

益母草是重要的妇科药源之一，可全草入药，生用或熬膏，有祛瘀和血、收缩子宫、调经消水的作用。其有效成分为益母草素，此外，还含有益母草碱、水苏碱、益母草定、益母草宁等多种生物碱及苯甲酸、氯化钾等。

茎直立，呈钝四棱形，微有凹槽

茎中上部叶呈菱形，通常三裂

轮伞花序腋生，具有花 8 ～ 15 朵

花冠二唇形，上唇直伸、内凹，下唇三裂

花冠淡紫红色或粉红色

夏枯草
Prunella vulgaris

别名：麦穗夏枯草、铁线夏枯草、土枇杷、铁色草、夕句、乃东

科属：唇形科夏枯草属

分布：我国各地

花期

形态特征

多年生草本植物。茎通常紫红色，高 20 ～ 30 厘米，呈钝四棱形，有浅凹槽；草质叶对生，多卵圆形或卵状长圆形，长 1.5 ～ 6 厘米，边缘具有不明显的波状齿，叶脉显著；叶柄长 0.7 ～ 2.5 厘米，自下而上渐变短；轮伞花序密集，排列成顶生的穗状花序；花比较小，花冠蓝紫色、红紫色或紫色，长约 1.3 厘米，冠檐二唇形，生于紫色花萼中；小坚果较小，长约 2 毫米，呈长圆状卵形，黄褐色，具有浅纹；根茎匍匐，节上多须根。

生长习性

喜光照充足、温暖湿润的环境，能耐寒，环境适应性强。多野生于水边草丛、山沟湿地、荒野、路边等。

小贴士

夏枯草的干燥果穗可入药，味辛、苦，性寒，有清热下火、散瘀消肿、宁神明目等功效。夏枯草配伍当归、白芍可清肝散瘀，配伍昆布、海藻可清火散结、消痰软坚，配伍菊花可平肝凉血，配伍玄参、连翘可用于治疗痰火互结之瘰疬。

小花二唇形，生于紫色花萼中

轮伞花序密集，组成顶生的穗状花序

茎钝四棱形，有浅凹槽

花冠蓝紫色、红紫色或紫色

茎叶对生，卵圆形或卵状长圆形

唇形科 *Labiatae*

薄荷
Mentha haplocalyx

别名： 野薄荷、夜息香、银丹草

科属： 唇形科薄荷属

分布： 我国南北各地，尤以江苏、安徽两省产量最大

花期
12 1 2 3 4 5 6 7 8 9 10 11

形态特征

多年生草本植物，株高 30 ~ 60 厘米，全株青气芳香。茎直立生长，方柱形，青色或紫色，棱上被有微柔毛，分枝较多；叶片对生，薄纸质，多为长圆状披针形或椭圆形，长 3 ~ 5 厘米，叶缘具有疏锯齿，叶面淡绿色，叶脉多密生微柔毛，叶柄长 2 ~ 10 毫米；小花腋生，排成稠密的轮伞花序，轮廓近似球形，直径约 2 厘米；花冠淡紫粉色或白色，冠檐二唇形，上裂片较大，外被微柔毛；小坚果黄褐色，呈卵圆形。

生长习性

喜光照，耐寒，喜排水良好的土壤。广泛分布于北半球的温带地区，常生于海拔 2100 米以下的山野湿地或河流旁边。

小贴士

薄荷是一种常用的中药，能治疗感冒发热、喉痛、头痛、肌肉疼痛、风疹瘙痒、麻疹不透等症，对痈、疽、疥、癣、疮等亦有效。此外，薄荷含有薄荷醇，该物质可清新口气、缓解腹痛，并具有杀菌、利尿、化痰、健胃等功效。

叶片对生，长圆状披针形

花冠淡紫粉色或白色

茎直立，方柱形，青色或紫色

宝盖草

Lamium amplexicaule

别名：珍珠莲、接骨草、莲台夏枯草

科属：唇形科野芝麻属

分布：江苏、浙江、四川、广东、福建、湖南、西藏等

花期

形态特征

　　一年生或二年生植物，株高 10 ~ 30 厘米。茎直立生长，四棱形，有浅凹槽，通常深蓝色，中空，基部多分枝；茎下部叶的柄较长，几乎与叶片等长或更长；上部叶肾形或圆形，长 1 ~ 2 厘米，基部半抱茎，叶缘具有深圆齿，叶两面疏被糙伏毛；轮伞花序 6 ~ 10 花，花冠紫红色或粉红色，长 1.7 厘米，外被微柔毛，冠筒细长，冠檐二唇形，上唇直伸，长圆形，下唇稍长，三裂；小坚果淡灰黄色，倒卵圆形，长约 2 毫米。

生长习性

　　喜半阴，耐寒，喜排水良好的土壤。常生于海拔 4000 米以下的林缘、路旁、沼泽草地及屋舍旁，或为田间杂草。

小贴士

　　宝盖草叶形特殊，花色美丽，除了具有观赏性，还有一定的药用价值。宝盖草全草入药，可于春夏间采收，洗净后鲜用或晒干。其性平，味辛、苦，可内服，也可外用，具有清热利湿、活血祛风、消肿解毒等功效。

上部叶肾形或圆形，叶缘具有深圆齿

轮伞花序 6 ~ 10 花，花紫红色或粉红色

野芝麻

Lamium barbatum

别名：野藿香、山麦胡、山苏子、白花菜

科属：唇形科野芝麻属

分布：我国东北、华北、华东地区以及陕西、甘肃、湖北、湖南、四川等

花期

12 1 2 3 4 5 6 7 8 9 10 11

形态特征

　　多年生草本植物，株高可达 1 米。茎单生，直立生长，四棱形，上有浅槽，茎秆中空，几乎无毛；茎下部的叶呈卵圆形或心形，而茎上部的叶多卵圆状披针形，较茎下部的叶更细而长，叶片两面皆疏生柔毛；叶柄长可达 7 厘米，从基部向上渐变短；轮伞花序具有花 4 ~ 14 朵，着生于茎上部的叶腋；花冠较小，白色或浅黄色，长约 2 厘米，冠檐二唇形；小坚果淡褐色，倒卵圆形，长约 3 毫米；根茎多地下匍匐枝。

生长习性

　　喜光照充足的环境，耐寒，宜排水良好的土壤。多生于海拔 2600 米左右较为荫湿的路旁、沟渠旁、田边及山坡上。

小贴士

　　野芝麻的嫩苗或茎叶洗净，开水焯烫后清水淘洗数次，可直接蘸酱或以调味料凉拌食用，也可与其他材料炒食，还可以用盐腌渍后贮藏，以备长期食用。野芝麻全株可入药，味辛、甘，性平，有凉血解毒、活血止痛、利湿消肿的功效。

茎呈四棱形，具有浅凹槽

轮伞花序着生于茎上部的叶腋

花比较小，冠檐二唇形

花冠白色或浅黄色

茎叶卵圆形或卵圆状披针形

鼠尾草

Salvia japonica

花期

别名：洋苏草、普通鼠尾草、庭院鼠尾草

科属：唇形科鼠尾草属

分布：我国东部和南部地区

形态特征

多年生灌木状草本植物，株高 40 ~ 60 厘米。茎直立生长，呈钝四棱形，较纤细，疏被柔毛或无毛；叶片卵状披针形或广椭圆形，长 6 ~ 10 厘米，灰绿色，被有短绒毛；轮伞花序顶生，多花密集，组成伸长的总状花序；花冠淡粉红色、淡蓝色、淡紫色或白色，因品种而异，冠檐二唇形，上唇近似圆形，先端微凹，下唇三裂，中裂片呈倒心形，较侧裂片稍大；小坚果褐色，椭圆形，长约 1.7 毫米，表面较光滑。

生长习性

喜光照充足的环境，半耐寒，喜排水良好的土壤。多生于海拔 220 ~ 1500 米的山间坡地、荫蔽草丛、路旁或水边。

小贴士

鼠尾草香味特异，是一种天然的烹饪香料，可用来煮汤或炖肉，能去腥解腻并促进消化，还可在做沙拉时掺入少许用来提味。鼠尾草全草可以入药，味苦、辛，性平，有清热解毒、活血调经、利湿消肿、抗菌消炎的功效。

轮伞花序顶生，组成伸长的总状花序

叶片卵状披针形或广椭圆形

花淡粉红色、淡蓝色、淡紫色或白色

块根糙苏

Phlomis tuberosa

别名：野山药、鲁各木日

科属：唇形科糙苏属

分布：黑龙江、内蒙古、新疆

花期

形态特征

　　多年生草本植物，株高 40 ~ 150 厘米。茎常具有分枝，仅仅下部被有疏毛，上部近无毛，绿色或染有紫红色；叶为三角形或三角状披针形，长 5.5 ~ 19 厘米，基部为心形，叶缘具有不规则粗齿或钝齿，叶柄自下而上渐短；多数小花密集组成轮伞花序，3 ~ 10 个，生于主茎及分枝上，彼此分离；花冠紫红色，长 1.8 ~ 2 厘米，外被星状绒毛，冠檐二唇形，上唇边缘为不规则齿状，下唇卵形；果实为坚果，较小，顶端被有星状短毛。

生长习性

　　多野生于海拔 1200 ~ 2100 米的山地沟谷、湿草原、草甸、灌丛、林缘等处。

小贴士

　　块根糙苏的块根及全草入药，一般夏季采收，除去杂质，洗净泥土，晒干后将块根切片，全草切段，备用。该药性温，味微苦，有小毒，能活血通经、解毒疗疮。可治月经不调、腹痛、痈疮肿毒、关节痛等症，但孕妇忌服。另外，块根糙苏还可用于园林绿化，常种植在岩石园、花境或坡地上。

株高 40 ~ 150 厘米，茎绿色或染有紫红色

轮伞花序生于主茎及分枝上

罗勒

Ocimum basilicum

花期

别名：九层塔、金不换、圣约瑟夫草、甜罗勒、兰香

科属：唇形科罗勒属

分布：新疆、吉林、河南、浙江、江苏、江西、湖南、广东等

形态特征

　　一年生或多年生草本植物。茎直立生长，高 20 ~ 70 厘米，呈钝四棱形，表面被有柔毛，通常绿色染紫色，上部多有分枝；叶对生，多为卵圆形或卵圆状披针形，长 2 ~ 5 厘米，两面无被毛，叶缘具有不整齐密齿或近全缘；叶柄伸长，约 1.5 厘米；总状花序着生在茎、枝的顶部，由多组轮伞花序组成；花萼呈钟状，外面被有短柔毛；花冠白色、淡紫色或紫红色，冠檐二唇形，长约 6 毫米；小坚果黑褐色，卵圆形。

生长习性

　　喜温暖湿润的气候，对寒冷比较敏感，耐旱、耐热，不耐涝，宜排水良好的砂质壤土或富含腐殖质的壤土。

小贴士

　　罗勒的嫩茎叶可食用，洗净焯水后凉拌、煲汤、拌面粉蒸食或油炸皆可。罗勒叶片也是烹饪西式菜品时常用的一种调味品，做菜、熬汤时放少许罗勒叶片，可使菜品更出色。此外，罗勒全草入药，有发汗解表、化湿消食、活血散瘀的功效。

植株高 20 ~ 70 厘米

叶对生，多为卵圆形或卵圆状披针形

茎表面被有柔毛，通常绿色染紫色

花冠淡紫色或紫红色

总状花序顶生，由多组轮伞花序组成

藿香

Agastache rugosa

别名：合香、苍告、山茴香

科属：唇形科藿香属

分布：我国各地

花期

形态特征

多年生草本植物。茎四棱形，直立生长，高 0.5 ~ 1.5 米，上部被有极短的细毛，下部一般无毛；纸质叶片对生，卵状心形至长圆状披针形，长 4.5 ~ 11 厘米，自基部向上逐渐变小，叶缘生有粗锯齿，叶柄比较长；多个轮伞花序密集排列，在茎端或分枝顶端形成圆筒形的穗状花序，长 2.5 ~ 12 厘米，总花梗比较短；花极小，长约 8 毫米，花冠淡紫蓝色，二唇形，上唇直伸，下唇三裂；小坚果卵状长圆形，褐色。

生长习性

喜高温潮湿、阳光充足的环境，不耐阴、不耐旱，对土壤要求不太严。多生于山坡、沟谷、林缘、灌木丛中。

小贴士

藿香嫩茎叶为野味之佳品，可凉拌、炒食、炸食，也可煮粥或泡茶，具有健脾益气的功效。藿香因气味特殊，也可把叶子作为烹饪佐料或材料。藿香干燥的地上部分可以入药，味辛，性微温，有芳香化浊、和胃止呕、发汗解暑的功效。

纸质叶对生，自基部向上渐小

轮伞花序穗状圆筒形，小花淡紫蓝色

牛至

Origanum vulgare

别名：止痢草、土香薷、小叶薄荷

科属：唇形科牛至属

分布：江苏、安徽、浙江、新疆、甘肃、河南、陕西等

花期

形态特征

多年生草本或半灌木植物，植株具有芳香，高 25 ~ 60 厘米。茎四棱形，直立或近基部伏地，略带紫色，被有短柔毛，多丛生；叶长圆状卵形或卵圆形，长 1 ~ 4 厘米，被有柔毛，全缘或具有疏齿，柄较短；多花密集组成伞房状圆锥花序，较开展；花冠较小，淡红色、白色或紫红色，管状钟形，冠檐二唇形，上唇直立，卵圆形，先端二浅裂，下唇三裂；小坚果褐色，卵圆形，微具棱；根茎斜生，有须根，略呈木质。

生长习性

喜光照充足的环境，较耐寒，喜排水良好的土壤。常野生于海拔 500 ~ 3600 米的路旁、山坡、林下及草地。

小贴士

牛至是一味非常重要的中草药，性温，味辛，可用于治疗因暑湿引起的发热、头痛、困倦、呕吐、腹泻、腹痛等症状。另外，每 1 毫克牛至中含有抗衰老素超氧化物歧化酶 187.8 微克，具有超强的抗氧化功能。

多花密集组成伞房状圆锥花序

花冠淡红色、白色或紫红色

香薷

Elsholtzia ciliata

别名：香茹、香草

科属：唇形科香薷属

分布：除新疆、青海外的我国各地

花期：7 8 9 10 11 12 1 2 3 4 5 6

形态特征

直立草本植物，株高 0.3 ~ 0.5 米，须根较为密集。茎呈钝四棱形，直立生长，中部以上多分枝，无毛或被有疏柔毛，通常呈淡黄褐色，老时变成紫褐色；叶片呈椭圆状披针形或卵形，长 3 ~ 9 厘米，边缘具有密齿，叶柄稍长；多花的轮伞花序组成穗状花序，略偏向一侧，长 2 ~ 7 厘米；花较小，花冠淡紫色，外被柔毛，冠檐二唇形，上唇直立，顶端稍缺，下唇三裂；小坚果呈棕黄色，比较光滑，长圆形，长约 1 毫米。

生长习性

适应性较强，喜光照充足的环境，对土壤要求不严。常野生于海拔 3400 米以下的山野、路旁、荒坡、林下或河岸边。

小贴士

香薷的嫩茎叶洗净焯水后可以凉拌、清炒，也可以用来煮粥、泡茶，因其特殊香气，也可以作为增香调味品用来炖肉汤。此外，香薷干燥的地上部分可以入药，味辛，性温，有发汗解表、行水化湿、温胃和中、宣肺理气的功效。

叶片呈椭圆状披针形或卵形，边缘具有密齿

穗状花序，小花淡紫色

紫苏

Perilla frutescens

别名：桂荏、白苏、赤苏、红苏、黑苏、白紫苏

科属：唇形科紫苏属

分布：我国华北、华中、华南、西南地区及台湾省

花期

12 1 2 3 4 5 6 7 8 9 10 11

形态特征

　　一年生直立草本植物，株高可达 80 厘米。茎绿色或紫色，呈钝四棱形，密被绒毛；叶对生，膜质或草质，长 7～13 厘米，阔卵形或圆卵形；叶柄长 3～5 厘米，密被柔毛；轮伞花序在茎中上部密集，组成长 1.5～15 厘米、偏向一侧的顶生及腋生总状花序；花梗较短，密被柔毛；花冠紫红色或白色，冠檐近似二唇形，上唇稍缺，下唇三裂；小坚果呈灰褐色，近球形，直径约 1.5 毫米，有比较明显的网状纹路。

生长习性

　　喜光照充足的环境，半耐寒，适应性比较强，对土壤要求不严，排水良好即可。常生于路边、荒草坡、屋舍附近。

小贴士

　　紫苏的嫩叶可以洗净后直接食用，也可以焯水后油盐凉拌而食或用来煮粥。把紫苏当作一味调料来烹制各种菜肴，尤其用来烧鱼或烤肉，会更加美味可口。紫苏叶芬芳有异香，发汗力较强，能行气宽中、解郁止呕。

叶对生，卵形或圆卵形，绿色或紫色

轮伞花序，花冠紫红色或白色

百里香

Thymus mongolicus

花期

| | 12 | 1 | |
|11| | |2|
|10| 花期 |3|
9			4
	8		5
	7	6	

别名：地椒、山椒、地花椒、麝香草、山胡椒

科属：唇形科百里香属

分布：甘肃、陕西、青海、山西、内蒙古等

形态特征

　　半灌木植物。茎多数，丛生，匍匐贴地或上升，绿色常染有紫红色，被有短柔毛；小叶呈卵圆形，质地较厚实，长 4 ~ 10 毫米，先端钝或稍尖，基部渐狭，两面均无毛；下部叶叶柄较长，向上渐短；花序头状，花梗较短，多数小花密集；花萼呈细长的钟形，长约 5 毫米；花冠淡红色、紫红色、紫色或淡紫色，疏被短柔毛，冠檐二唇形，上唇倒卵形，稍短，下唇三裂；小坚果近球形或卵球形，稍压扁，光滑无毛。

生长习性

　　喜光照充足、温暖干燥的环境，对土壤要求不严。常生于海拔 1100 ~ 3600 米的多石山地、向阳斜坡、沟谷边、路埂或草丛中。

小贴士

　　百里香具有特殊的芳香，是一种天然的调味料，可以用来烹调海鲜、肉类、鱼类等食品，能去腥提味；制作腌菜和泡菜时也可放入少许花叶，能使味道更加丰富。而且百里香全草可入药，味甘，性平，能祛风镇痛、温中散寒、健脾消食。

头状花序，花冠淡红色、紫红色或淡紫色，冠檐二唇形

小叶卵圆形，较厚，长 4 ~ 10 毫米

风轮菜
Clinopodium chinense

别名：野凉粉草、苦刀草、苦地胆、熊胆草、九塔草

科属：唇形科风轮菜属

分布：山东、湖北、浙江、江苏、安徽、江西、广东等

形态特征

　　多年生草本植物，株高可达 1 米。茎四棱形，基部匍匐生根，上部多分枝，密被短柔毛；叶对生，近似卵圆形，坚纸质，长 2～4 厘米，边缘有圆齿状锯齿，叶柄较短，叶脉清晰；多花密集于茎秆中上部，组成多个半球状轮伞花序，花序彼此间断不连；花冠较小，多紫红色，外被柔毛，长约 9 毫米，冠檐二唇形，上唇直伸，下唇三裂；小坚果黄褐色，倒卵形，长约 1.2 毫米。

生长习性

　　喜光照充足的环境，半耐寒，喜排水良好的土壤。多生于海拔 1000 米以下的灌木丛、坡地、沟边、林缘等。

小贴士

　　风轮菜新鲜的嫩茎叶略有香辛味，采摘后洗净入沸水焯烫，稍稍放置即可凉拌或清炒。风轮菜的叶子也常被用作料理材料和香料，香味特殊。另外，风轮菜全草皆可入药，味辛、苦，性凉，有疏风清火、消肿解毒的功效。

叶对生，近卵圆形，边缘有圆齿状锯齿

花冠较小，多紫红色，冠檐二唇形

夏至草

Lagopsis supina

别名：小益母草、白花夏枯、灯笼棵

科属：唇形科夏至草属

分布：我国大部分省份

花期：3、4

形态特征

多年生草本植物，株高 15 ~ 35 厘米。茎呈四棱形，披散于地面或上升，常于基部分枝，具有凹槽，绿色略带紫红色，密被微柔毛；叶近似圆形或卵圆形，长宽皆 1.5 ~ 2 厘米，先端圆形，基部心形，三浅裂或深裂，裂片具有圆齿或圆形犬齿，叶脉掌状，叶柄较长；轮伞花序疏花，直径约 1 厘米，上密下疏；花萼管状钟形，密被柔毛；花冠白色，稀粉红色，冠檐二唇形，上唇直伸，下唇斜展，三浅裂；小坚果褐色，长卵形。

生长习性

喜光照充足的环境，半耐寒，喜排水良好的土壤。常生于路旁、旷地上，在西北、西南各省可生于海拔 2600 米以上的地方。

小贴士

夏至草同益母草略相似，只是叶片形状和花色不同。夏至草也可入药，需于夏至前采收，晒干或鲜用。性平，味微苦，有小毒，功效略同益母草，即养血调经、去瘀通络，常用于治疗贫血性头晕、月经不调等症，一般水煎服或熬膏用。

茎呈四棱形，绿色略带紫红色，密被微柔毛

花冠白色，稀粉红色，冠檐二唇形

百合科
Liliaceae

百合科是被子植物的一大种群，属单子叶植物，约有250属，3500种，广泛分布于全世界，主要在温带与亚热带地区。我国有60属，约560种，南北各地均产。本科植物中既有名花又有良药，有的还可以食用。

百合科植物通常为具有根状茎、块茎或鳞茎的多年生草本，很少为亚灌木、灌木或乔木状。叶基生或茎生，后者多为互生，较少为对生或轮生，通常具有弧形平行脉，极少具有网状脉；花两性，很少为单性异株或杂性，通常辐射对称；花被片多数为6枚，离生或不同程度的合生；果实为蒴果或浆果，较少为坚果。

比较常见的百合科野花主要来自以下几属：

郁金香属	郁金香属植物有150多种，我国有14种。该属植物的花常直立，钟状或杯状，花被片一般6枚，色鲜艳。
黄精属	黄精属植物约有40种，我国有31种。该属植物的花腋生，常排成伞形花序，花被管状。
百合属	百合属植物约有80种，我国有39种。该属植物的花单生或排成总状花序，花被片多为6枚，色鲜艳。
玉簪属	玉簪属植物约有40种，我国有3种。该属植物通常为顶生的总状花序，花被近漏斗状，檐部六裂。
葱属	葱属植物约有500种，我国有110种。该属植物为顶生的伞形花序，花较小，花被片6枚。
贝母属	贝母属植物有60多种，我国有30多种。该属植物的花常单朵顶生或多朵排成总状花序、伞形花序，花通常钟形，俯垂。
顶冰花属	顶冰花属植物有70种，我国有13种。该属植物的花多排成伞形花序式的聚伞花序或伞房花序，花被片广展，通常为黄色。
猪牙花属	猪牙花属植物约有15种，我国有2种。该属植物的花单生或两朵至多朵排成极稀疏的总状花序，花被片6枚，常强烈反折。
铃兰属	铃兰属植物仅有铃兰一种，其花为顶生的总状花序，常偏向一侧，小花短钟状，花被顶端六浅裂，俯垂。
嘉兰属	嘉兰属植物约有4～5种，我国有1种。该属植物的花较大，通常单生于上部叶腋或叶腋附近，俯垂，花被片6枚，边缘波状，色鲜艳。
天门冬属	天门冬属植物约有300种，我国有24种。该属植物的花腋生，单生或多数排成总状花序，花被钟状。

萱草属	萱草属植物约有 20 种，我国约有 8 种。该属植物为顶生的总状花序或假二歧状圆锥花序，花近漏斗状，花被裂片 6 枚。
万寿竹属	万寿竹属植物约有 20 种，我国有 8 种。该属植物为疏花的伞形花序，着生于茎或枝的顶端，花冠近筒形或狭钟形，花被片 6 枚。
大百合属	大百合属植物约有 3 种，我国有 2 种。该属植物的花为顶生的总状花序，花冠为狭长的喇叭形，白色，内面具有紫色条纹。
舞鹤草属	舞鹤草属植物有 4 种，我国有 1 种。该属植物的花为顶生的总状花序，花较小，白色，花瓣 4 枚。
油点草属	油点草属植物有 15 种，我国有 4 种。该属植物的花单生或簇生，常排成顶生或腋生的二歧聚伞花序，花被裂片 6 枚，白色、黄绿色或淡紫色。
重楼属	重楼属植物约有 10 种，我国有 7 种、8 变种。该属植物的花单生于叶轮中央，花被片排成二轮，外轮叶状，绿色；内轮线形，黄绿色或黄色。

大百合

Cardiocrinum giganteum

别名：百合莲、百洼

科属：百合科大百合属

分布：我国西南部各省

花期

形态特征

　　草本植物，植株高大，高1～2米。茎直立生长，中空，光滑无毛，直径2～3厘米；纸质单叶具有网状脉，全缘，叶自下向上渐小，卵状心形或为稍宽的长圆状心形，叶柄较长；总状花序具有花10～16朵，花较大，呈狭长的喇叭形，花瓣条状倒披针形，长12～15厘米，白色，内面具有淡紫红色条纹；蒴果长椭球形，果柄粗短，熟时红褐色，三瓣裂；种子红棕色，呈压扁的钝三角形，边缘具有膜质翅；鳞茎卵形，干时淡褐色。

生长习性

　　喜温暖湿润的半阴环境，耐寒性强，忌干燥和强光直射，对土壤要求不太严格。常野生于海拔1450～2300米的常绿阔叶林、常绿落叶阔叶混交林至针阔混交林带。

小贴士

　　大百合原产于我国，因植株高大、粗壮，明显有别于百合属植物而得名。大百合花序大而洁白，果实碧绿圆润，非常具有观赏性，园林造景宜栽植于疏林下的半阴处，庭院装饰则可盆栽观赏。

总状花序具有花10～16朵，花较大

蒴果长椭球形，果柄粗短

花呈狭长的喇叭形，白色，内面具有淡紫红色条纹　　果熟时红褐色，三瓣裂

植株高大，高 1 ~ 2 米

东北百合

Lilium distichum

别名：卷莲花、老哇芋头、轮叶百合、伞蛋花、山丹花

科属：百合科百合属

分布：我国东北地区

花期

（花瓣图：12 1 2 3 4 5 6 7 8 9 10 11）

形态特征

多年生球根花卉。茎直立生长，高60～120厘米，无毛，具有乳头状小突起；茎中部叶一轮，共7～9枚，还有少数散生叶，长圆状披针形或倒卵状披针形，长8～15厘米，全缘，无毛；总状花序顶生，具有花2～12朵，总花梗长6～8厘米；花淡橘红色，花瓣披针形，长3.5～4.5厘米，具有紫红色斑点，稍反卷；蒴果倒卵形，长2厘米；鳞茎卵圆形，直径3.5～4厘米；鳞片白色，披针形，长1.5～2厘米，有节。

生长习性

喜空气干燥的环境，喜散射光，忌强光，宜地势较高、疏松肥沃、排水良好的林下腐殖性土壤。常生于海拔200～1800米的山坡、林缘、林下、溪旁或路边。

小贴士

东北百合株形独特，挺拔秀美，花朵为热烈的橘红色，花瓣反卷环抱如彩球，极具观赏价值。宜用于园林绿化或庭院美化，可成片栽植于灌木丛中或林下，亦可寥寥数枝点缀于花坛中央，能达到清雅脱俗的效果。

总状花序顶生，花淡橘红色

花瓣披针形，具有紫红色斑点，稍反卷

毛百合

Lilium dauricum

别名：卷帘百合

科属：百合科百合属

分布：黑龙江、吉林、辽宁、内蒙古和河北

花期

形态特征

多年生球根花卉。茎直立生长，高50～70厘米，具有棱；叶为极狭的披针形，散生于茎上，近茎端处有4～5枚叶片轮生，基部有一簇白绵毛，边缘具有小突起；苞片叶状，长4厘米；花梗具有白色绵毛，稍长；花1～2朵顶生，花被片6枚，倒披针形，橘红色或红色，内面具有紫红色斑点，外面有白色绵毛；蒴果长圆形，长5厘米左右；鳞茎呈卵状球形，直径约2厘米；鳞片宽披针形，白色，长1～1.4厘米，有节或无节。

生长习性

喜光照充足、湿度适宜的环境。常野生于海拔450～1500米的山坡灌丛间、林隙、路旁及湿润的草甸等处。

小贴士

毛百合具有一定的观赏性，可作花坛或花境花卉，也可植于岩石园或林缘。但其富含淀粉、营养丰富的鳞茎的经济价值更高，可供食用、酿酒及药用，有润肺止咳、清心安神等功效。现代医学研究证明，它是一种药用和食用价值皆高的植物。

百合科 *Liliaceae*

花橘红色或红色，花被片6枚

花被片倒披针形，具有紫红色斑点

川百合

Lilium davidii

别名：无

科属：百合科百合属

分布：四川、云南、陕西、甘肃、河南、山西和湖北

花期

形态特征

多年生球根草本植物，株高 50 ~ 100 厘米。茎细长直立，绿色，有时略带紫色，无毛，密被乳头状小突起；叶散生于茎上，茎中部较为密集，长条形，长 7 ~ 12 厘米，叶缘反卷且具有明显的小突起，中脉显著，叶腋具有白色绵毛；花单生或数朵排成总状花序，花梗长 4 ~ 8 厘米；花下垂，花瓣 6 枚，强烈反卷，橙黄色，具有紫黑色斑点；蒴果长椭圆形，长 3.5 厘米；鳞茎宽卵形或扁球形，鳞片白色。

生长习性

喜凉爽潮湿、日光充足且略荫蔽的环境，不耐寒，忌干旱、酷暑。常生于海拔 850 ~ 3200 米的山坡草地、林下潮湿处或林缘。

小贴士

川百合花色美艳，花型别致，具有一定的观赏性，是比较常见的切花品种之一。另外，其鳞茎富含优质淀粉和多种生物碱、维生素，营养丰富，可作为蔬菜食用，炒食、炖汤或煮粥皆可，有滋阴养肺、美容养颜的功效。

花下垂，花瓣 6 枚，强烈反卷

花瓣橙黄色，具有紫黑色斑点

山丹

Lilium pumilum

别名：细叶百合、山丹丹花

科属：百合科百合属

分布：黑龙江、吉林、辽宁、河南、河北、山西等

花期

形态特征

多年生草本植物。茎纤细，直立生长，高 60 ~ 80 厘米，有些会带有紫色的条纹；条形叶于茎中部散生，长 3.5 ~ 9 厘米，中脉在叶背面比较突出；花朵鲜红色，一般没有斑点，呈下垂状，常单生或数朵排列成疏松的总状花序；花被片 6 枚，披针形，长约 4 厘米，向后强烈反卷；花药黄色，呈长椭圆形，长约 1 厘米；蒴果长约 2 厘米，呈矩圆形；鳞茎白色，直径 2 ~ 3 厘米，呈圆形或圆锥形。

生长习性

喜半阴的环境，半耐寒，喜排水良好的土壤。多生于海拔 400 ~ 2600 米的丘陵山坡、林间草地或灌木丛中。

小贴士

山丹花采收后晒干保存，待食用时洗净，可在做汤时放入或用以焓锅；采挖鳞茎后摘下鳞片，洗净后可制作汤羹或搭配其他材料炒食。花具有活血的作用，而鳞茎具有清心安神、养阴润肺、止咳祛痰的功效。

花常单生或数朵排列成疏松的总状花序

花冠鲜红色，一般没有斑点

花被片 6 枚，强烈反卷

百合科 *Liliaceae*

卷丹

Lilium lancifolium

别名：虎皮百合、倒垂莲、黄百合、药百合

科属：百合科百合属

分布：江苏、浙江、江西、四川、山西、西藏、吉林等

花期

12 1 2 3 4 5 6 7 8 9 10 11

形态特征

多年生草本植物。茎高 80 ～ 150 厘米，褐色或带有紫色条纹，被有白色柔毛；叶散生，无柄，长 6.5 ～ 9 厘米，宽 1 ～ 1.8 厘米，呈披针形或矩圆状披针形，有 5 ～ 7 条叶脉，叶表和叶背几乎无毛，叶端有白毛，上部叶腋处有黑色珠芽；花为橘红色，上有紫黑色斑点，呈下垂状生长，花被片反卷，呈披针形；花丝淡红色，长 5 ～ 7 厘米；花药紫色，矩圆形；蒴果长 3 ～ 4 厘米，呈狭长卵形；鳞茎白色，呈广卵状球形，直径为 4 ～ 8 厘米。

生长习性

喜凉爽潮湿、日光充足的环境，耐寒性较差。多生于海拔 400 ～ 2500 米的草地、山坡、灌木林下、路旁、水边等。

小贴士

卷丹的鳞茎可食，采挖后摘下鳞片，洗净后可做汤羹或搭配其他材料炒食。另外，卷丹的鳞茎与花均可入药，具有清心安神、养阴润肺、止咳除烦等功效，可用于辅助治疗虚烦惊悸、失眠多梦、精神恍惚、肺燥咳嗽、痰中带血等症。

花为橘红色，呈下垂状生长

花被片呈狭长卵形，上有紫黑色斑点

有斑百合

Lilium concolor

别名：山灯子花

科属：百合科百合属

分布：内蒙古、吉林、山东、山西、河北、辽宁、黑龙江等

形态特征

多年生草本植物。茎纤细直立，高 30 ~ 70 厘米，光滑无毛，近基部有时略带紫色；叶散生于茎秆的中下部，长 3 ~ 7 厘米，条形或条状披针形，两面均无毛，无叶柄；花单生或几朵集成总状花序，着生于茎部顶端；花深红色，一般有褐色的斑点；花被片 6 枚，星状开展，长 3 ~ 4 厘米，呈卵状披针形或椭圆形；蒴果呈矩圆形，长约 2.5 厘米；鳞茎呈卵状球形，白色，长 2 ~ 3 厘米，直径 1.5 ~ 3 厘米。

生长习性

喜半阴的环境，比较耐寒，喜排水良好的土壤。多生于海拔 600 ~ 2000 米的向阳坡地、山沟、林缘或林下湿地。

小贴士

有斑百合的鳞茎含有大量淀粉，可用来炖汤食用，有滋补养生之效。也可以洗净切片炒食或煮熟后拌蜂蜜食用，口感黏腻绵软。其鳞茎还可以入药，味甘，性平，具有静心安神、滋阴润肺、止咳止喘的功效。

百合科 *Liliaceae*

花深红色，一般有褐色斑点

花被片 6 枚，呈卵状披针形

舞鹤草

Maianthemum bifolium

别名：二叶舞鹤草

科属：百合科舞鹤草属

分布：黑龙江、吉林、辽宁、内蒙古、河北、山西、陕西、四川等

花期

12 1 2 3 4 5 6 7 8 9 10 11

形态特征

　　多年生草本植物。茎纤细碧绿，高8～20厘米或更高，散生短柔毛或无毛；基生叶有长柄，常于花期萎落；茎生叶2枚，稀3枚，互生于茎上部，三角状卵形，长3～10厘米，基部心形，叶脉显著，柄长1～2厘米；总状花序顶生，常直立，长3～5厘米，具有花10～25朵；小花白色，单生或成对，花瓣长圆形；浆果较小，圆球形，红色至紫黑色；小粒种子卵圆形，种皮黄色；根状茎细长，有时会分叉，具有节。

生长习性

　　喜温暖湿润的半阴环境，不耐旱，忌瘠薄。常野生于高山区背阳山坡林下略潮湿的富含腐殖质的土壤中。

小贴士

　　舞鹤草含皂苷，可全草入药，一般7月和8月采收，洗净后晒干或鲜用。该药味酸、涩，性微寒，有清热解毒、凉血止血的功效，可用于治疗外伤出血、瘰疬、脓肿、癣疥、结膜炎等症，也适用于治疗吐血、尿血、月经过多等症。

浆果较小，圆球形

总状花序顶生，小花白色

叶三角状卵形，基部心形

油点草

Tricyrtis macropoda

别名: 紫海葱

科属: 百合科油点草属

分布: 浙江、江西、福建、安徽、江苏、湖北、湖南、广西和贵州

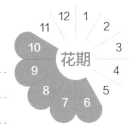

花期

形态特征

多年生草本植物,株高可达1米。茎纤细,上部具有或疏或密的短糙毛;单叶互生,椭圆状卵形至长圆状披针形,长8~19厘米,基部圆形而近无柄或心形而抱茎,两面及叶缘具有短糙毛,叶脉显著;二歧聚伞花序疏花,顶生或于茎上部腋生;花被片绿白色或白色,内面具有多数紫红色斑点,卵状椭圆形或披针形,6枚花瓣略呈二轮排列,外轮3片比内轮3片宽;蒴果直立,呈细长的锥形,长2~3厘米。

生长习性

喜温暖湿润、阳光充足的环境,耐旱、耐半阴,较耐寒,忌暴晒。常野生于海拔800~2400米的山林下、岩缝中或灌丛中。

小贴士

油点草是花叶兼美的小型球根花卉,常数株簇生在一起,叶片色彩斑斓,串串小花小巧玲珑,观之怡人,可置于书桌、窗台、茶几等处作为室内装饰,别具风味。另外,油点草的根可以入药,性温,味甘,归肺经,有补虚止咳的功效。

花被片绿白色或白色,内面具有多数紫红色斑点

6枚花瓣,外轮3片比内轮3片宽

藜芦

Veratrum nigrum

别名：黑藜芦、山葱

科属：百合科藜芦属

分布：我国东北地区及河北、山东、河南、陕西、内蒙古、四川等

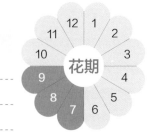

花期

形态特征

　　多年生草本植物，高 60 ～ 100 厘米或更高。茎直立，通常较粗壮；单叶互生，薄革质，广卵形、椭圆形至卵状披针形，长 22 ～ 25 厘米，基部鞘状或具有短柄，两面无毛，叶脉显著，在背面凸起；黑紫色花密生，组成顶生的大圆锥花序，顶生总状花序常比侧生花序长 2 倍以上；小花花瓣 6 枚，紫黑色，卵形或长圆形，长 5 ～ 8 毫米，开展或在两性花中略反折，全缘；蒴果卵状三角形，熟时二裂，内含多数种子。

生长习性

　　喜温暖湿润的半阴环境，对土壤要求不严，适应性强。常野生于海拔 1200 ～ 3300 米的山坡林下、山野或灌木丛中。

小贴士

　　藜芦的根及根茎可入药，一般 5 ～ 6 月花茎未出前采挖根部，除去地上部分，洗净晒干或开水浸烫后晒干。该药性寒，味辛、苦，有毒，能涌吐风痰、杀虫疗疮、催吐、祛痰，可用于治疗中风、痰壅、疥疮等症，还可灭蛆、蝇等。

叶广卵形、椭圆形至卵状披针形，叶脉显著

黑紫色花密生，组成顶生的大圆锥花序

七叶一枝花

Paris polyphylla

别名：蚤休、重台、草河车、重楼

科属：百合科重楼属

分布：贵州、云南、西藏、四川和台湾等

花期

12 1 2 3 4 5 6 7 8 9 10 11

形态特征

多年生直立草本植物，株高 35 ~ 100 厘米。茎绿色，通常带紫红色，较粗壮，基部有膜质叶鞘包茎；叶轮生，5 ~ 10 枚，一般 7 枚，长圆形或倒卵状披针形，长 7 ~ 15 厘米，叶柄稍长；花单生顶端，外轮花被片叶状，4 ~ 7 片，长卵形至卵状披针形；内轮花被片线形，黄色或黄绿色，一般短于外轮花被片；蒴果球形，紫色，熟时 3 ~ 6 瓣裂开；种子多数，卵形，具有鲜红色外种皮；根状茎表皮棕褐色，密生环节和须根。

生长习性

喜温暖湿润的荫蔽环境，耐寒、耐旱，惧霜冻和强光。常野生于海拔 1800 ~ 3200 米的山坡林下及灌丛阴湿处。

小贴士

七叶一枝花株形独特，叶与花各有一盘轮生的叶片，极易识别辨认。其根茎有毒，但可以入药，性寒、味苦、辛，归心、肝经，有清热解毒、平喘止咳、安神定惊的功效，可用于治疗痈疮肿痛、扁桃体炎、蛇虫咬伤、跌打伤痛等症。

花单生顶端，外轮花被片叶状，绿色

内轮花被片线形，黄色或黄绿色

玉竹

Polygonatum odoratum

别名：尾参、葳蕤、地管子

科属：百合科黄精属

分布：黑龙江、吉林、辽宁、甘肃、青海、河北、湖北等

花期

形态特征

多年生草本植物。株高 20 ~ 50 厘米；茎叶 7 ~ 12 片，互生，呈椭圆形至卵状矩圆形，叶端渐尖，叶背略带灰白色；花序腋生，一般具有花 1 ~ 4 朵，有时可达 8 朵，花冠直径约 1 厘米；总花梗较短，通常为 1 ~ 1.5 厘米，无苞片；花被呈黄绿色至白色，长 1.5 ~ 2 厘米，花冠直筒状，顶端有 6 枚裂片，裂片长 3 ~ 4 毫米；浆果为球形，成熟时变成黑色，有 7 ~ 9 颗种子；肉质的根状茎横走，黄白色，生有浓密的须根。

生长习性

耐寒、耐阴，忌强光直射与多风，宜土层深厚、富含砂质和腐殖质的土壤。多野生于凉爽湿润的林下或灌丛中。

小贴士

玉竹的根可以食用，还可以药用。采挖玉竹地下根，洗净后入锅中煮熟，捞出切好，加入调味料拌匀即可食用。玉竹根茎入药，能清热养阴、生津止渴、润肺止咳，效用堪比人参，可用于治疗热病伤阴、咽干口渴、肺燥咳嗽等症。

花被顶端六裂，裂片黄绿色

叶片绿色，先端渐尖

叶互生，呈椭圆形至卵状矩圆形

花被直筒状，黄绿色至白色

浆果球形，成熟后变为黑色

玉簪

Hosta plantaginea

别名：玉春棒、白鹤花、玉泡花、白玉簪

科属：百合科玉簪属

分布：四川、湖北、湖南、江苏、安徽、浙江、福建和广东等

花期

（花期图：10、9、8 标记）

形态特征

多年生草本植物。叶片基生，呈卵状心形或卵圆形，长 14 ~ 24 厘米，基部心形，先端渐尖，全缘，叶脉非常明显；花葶光滑纤细，从叶丛中抽出，高 40 ~ 80 厘米，顶生总状花序，着花 9 ~ 15 朵；外苞片卵形或披针形，内苞片很小；花冠白色，细长的筒状漏斗形，长 10 ~ 12 厘米，冠檐六深裂，有芳香；蒴果圆柱状，有三条棱，长约 6 厘米；根状茎粗大且多须根，直径 1.5 ~ 3 厘米。

生长习性

喜阴湿环境，较耐寒，宜土层深厚、排水良好的砂质壤土。多生于海拔 2200 米以下的林缘、背阳草坡或岩石边。

小贴士

玉簪的新鲜花蕾去掉雄蕊后可以当蔬菜食用，可焯水后凉拌，或者搭配其他食材炒食，也可做汤。玉簪的花蕾还可以拌面粉蒸食或挂面汁油炸后用来煨汤，风味各异。另外，玉簪的花蕾去掉雄蕊之后入药，有清凉解毒、消肿止血的功效。

叶基生，呈卵状心形或卵圆形，花葶较高

总状花序顶生，花白色，筒状漏斗形

薤白

Allium macrostemon

别名：小根蒜、野葱、野蒜、小么蒜、小根菜

科属：百合科葱属

分布：除新疆、青海外的我国各地

花期

12	1
11	2
10	3
9	4
8	5
7	6

形态特征

多年生草本植物，株高可达 70 厘米。叶 3 ~ 5 片基生，半圆柱状狭线形，叶端渐尖，基部呈鞘状，上面有沟槽，长 20 ~ 40 厘米；圆柱状的花葶从叶丛中抽出，高 30 ~ 70 厘米；总苞略短于花序；伞形花序顶生，上面着生多数花，呈半球形至球形；花被片为淡粉色或淡紫色，有 6 枚，呈长圆状披针形至长圆状卵形，长 4 ~ 5 毫米；蒴果倒卵形，顶端略凹；鳞茎白色略带黑色，外皮纸质或膜质，近球形。

生长习性

喜光照，耐寒，喜排水良好的土壤。多生于海拔 1500 米以下的丘陵、山坡或草地，少数地区见于海拔 3000 米以上的山坡。

小贴士

薤白的绿色茎和鳞茎皆可食。绿色茎可采摘后洗净，与鸡蛋等炒食，还可以做粥；鳞茎采挖后洗净，可煮食或蒸食，也可盐渍或糖渍食用。其干燥鳞茎可入药，具有温中健胃、通阳散结、抗菌消炎、消积化滞等功效。

叶基生，半圆柱状狭线形

伞形花序顶生，上面着生多数花

花葶圆柱状

花格贝母

Fritillaria meleagris

别名：阿尔泰贝母、小贝母、珠鸡斑贝母、蛇头贝母

科属：百合科贝母属

分布：新疆北部阿尔泰山

花期 3 4 5

形态特征

　　草本植物，株高 15 ~ 40 厘米。茎单生，较纤弱，细圆柱形，绿色略染紫韵，光滑无毛；叶对生或上部互生，条形或条状披针形，先端一般不卷曲，全缘；花单生，近基部具有 1 ~ 3 枚叶状苞片；花冠通常紫红色、红褐色、紫色和灰色，少有白色，花被外面具有明显的浅色小方格；柱头裂片较长，约占花柱全长的 1/3；鳞茎近似圆球形，直径约 2 厘米，内含有毒的生物碱——秋水仙碱；蒴果的棱上有宽翅。

生长习性

　　喜光照充足的环境，极耐寒。一般生长于海拔 800 米左右的草原、土壤潮湿的地方及河流两岸的草坪上。

小贴士

　　花格贝母原产于欧洲，由于土地用途的改变，在法国、斯洛文尼亚、罗马尼亚等地已不易见到野生种，我国也仅仅在新疆阿尔泰山有野生种分布。花格贝母是克罗地亚的国家象征，也是瑞典乌普兰省的省花。

茎单生，细圆柱形，绿色略染紫韵

花紫红色或红褐色，外具浅色小方格

宝铎草

Disporum sessile

别名：淡竹花

科属：百合科万寿竹属

分布：浙江、江苏、山东、陕西、四川、云南、广西、广东、福建等

形态特征

多年生草本植物，株高 30 ~ 80 厘米。茎直立生长，色泽碧绿，上部具有叉状分枝；叶薄纸质至纸质，叶多形，椭圆形、长圆形、卵形至披针形，长 4 ~ 15 厘米，先端渐尖，叶柄较短或近乎无柄；花绿黄色、黄色或白色，1 ~ 5 朵着生于分枝的顶端，常俯垂；花被片近直出，呈倒卵状披针形，长 2 ~ 3 厘米，上部稍宽，下部渐窄；浆果球形或椭圆形，直径约 1 厘米；种子深棕色，较小；肉质根状茎横出，长 3 ~ 10 厘米。

生长习性

喜半阴的环境，极耐寒，喜排水良好的土壤。常野生于海拔 600 ~ 2500 米的疏林下、荒草坡或灌木丛中。

小贴士

宝铎草的块根可入药，有润肺止咳、健胃补脾、益气强肾的功效，常用于治疗脾胃虚弱、食欲不振、腹泻、肺气不足、气短、喘咳、自汗、津伤口渴、慢性肝炎、病后或慢性病身体虚弱、小儿消化不良等症。

花绿黄色、黄色或白色，常俯垂

花冠近筒形，上部稍宽，下部渐窄

顶冰花

Gagea lutea

别名：无

科属：百合科顶冰花属

分布：我国东北三省

花期

形态特征

　　多年生草本植物，株高 10 ~ 25 厘米。基生叶 1 枚，扁平的长条形，长 15 ~ 22 厘米，光滑无毛；花葶上无叶或疏生 2 ~ 3 枚小叶，互生；总苞片披针形，与花序近等长；花 3 ~ 5 朵，在茎顶排成疏散的伞形花序；花被片 6 枚，条形或狭披针形，黄绿色或黄色；花药和子房皆为矩圆形，花柱柱头不明显三裂；蒴果较小，倒卵形、卵圆形或近球形，直径约 5 毫米，内含长圆形种子；鳞茎近卵形，直径 5 ~ 9 毫米，外皮灰黄色。

生长习性

　　喜光照充足的环境，极耐寒，喜排水良好的土壤。常野生于林下、草地上或灌丛中。

小贴士

　　顶冰花极耐寒，在冰天雪地里也可以发芽，不过要到天气渐暖后才会挺出花柄，继而开出花朵。顶冰花种类繁多，都是百合科顶冰花属的多年生草本植物，其中常见的有小顶冰花、朝鲜顶冰花、三花顶冰花等。另外，顶冰花全株有毒，以鳞茎毒性最大，采集野菜、野花时需小心，不要误食。

花较小，黄绿色或黄色

花被片 6 枚，条形或狭披针形

猪牙花

Erythronium japonicum

别名：野猪牙、山地瓜、山芋头、片栗花

科属：百合科猪牙花属

分布：吉林南部

花期

形态特征

球根类草本花卉，株高 25 ~ 30 厘米。植株中部以下有叶 2 枚，对生，宽披针形或椭圆形，长 10 ~ 11 厘米，先端具有短尖头或近急尖，基部楔形，柄长 3 ~ 4 厘米；花单生于顶，俯垂；花被片 6 枚，披针形，紫红色或淡紫红色，下部有近三齿状的黑色斑纹．花丝钻形，不等长；花药为较狭的长圆形，长 5 ~ 7 毫米；花柱自下向上稍增粗，柱头三裂；鳞茎为细长的圆柱形，长 5 ~ 6 厘米，直径约 1 厘米。

生长习性

喜半阴的环境，较耐寒，喜排水良好的土壤。常野生于林下湿润处。

小贴士

猪牙花的鳞茎含有丰富的淀粉，可以加工成粉状，作为料理勾芡之用或用来增加食物的黏稠度。其花清雅可爱，可供观赏，盆栽或种植于庭院花坛中皆可。一般球根花卉的寿命并不是很长，但猪牙花是个例外，如果管理得当并补充必要的肥料，保持十年以上的寿命一般不成问题。

花单生于顶，俯垂

花被片 6 枚，披针形，紫红色或稍淡

铃兰

Convallaria majalis

别名：草玉玲、君影草、香水花、鹿铃、小芦铃、草寸香

科属：百合科铃兰属

分布：我国东北和华北地区

花期

形态特征

多年生草本植物，常成片生长。植株较矮小，全株有毒，无被毛；叶卵状披针形或椭圆形，长 7 ~ 20 厘米，叶柄较长；花葶高 15 ~ 30 厘米，稍弯曲；总状花序有多花，花梗较短；花冠白色，钟状，常下垂，檐部浅裂，裂片呈卵状三角形，顶端稍尖；花丝比花药稍短，花药近似椭圆形，花柱柱状；浆果近球形，直径 6 ~ 12 毫米，成熟后变暗红色，稍下垂；种子较小，扁圆形或双凸状，直径 3 毫米，表面有细网纹。

生长习性

喜半阴、湿润的环境，耐严寒，不耐旱，忌高温，宜富含腐殖质壤土及沙质壤土。常生于海拔 850 ~ 2500 米的阴坡林下潮湿处或沟边。

小贴士

铃兰株形小巧，清雅怡人，是一种优良的观赏植物，入秋时其红果娇艳，尤其诱人。另外，铃兰芳香浓郁，可以净化空气，抑制结核菌、肺炎双球菌、葡萄球菌的生长繁殖，对家里的大人小孩有一定的保护作用。

总状花序有多花，花梗较短

花冠白色，钟状，常下垂，檐部浅裂

天门冬

Asparagus cochinchinensis

别名：三百棒、武竹、丝冬、老虎尾巴根、天冬草、明天冬

科属：百合科天门冬属

分布：我国华东、中南地区及河北、陕西、甘肃、四川、台湾等

花期

形态特征

多年生草本攀缘植物。茎细弱，平滑无毛，常弯曲或扭曲，基部略木质化；叶状小枝通常每3枚成一簇，较为扁平，长 0.5 ~ 8 厘米；细茎上的鳞片状叶的基部生有木质倒刺，分枝上的刺比较短或不甚明显；小花1 ~ 3 朵簇生于叶腋，白色或淡绿色；雄花花被长 2.5 ~ 3 毫米，雌花大小和雄花相近；浆果呈球形，直径一般为 6 ~ 7 毫米，成熟时会变成红色，内含1颗种子；块根肉质，常簇生，灰黄色，长 4 ~ 10 厘米。

生长习性

喜温暖湿润的环境，耐旱、耐瘠，不耐寒，忌强光。多生于海拔 1750 米以下的坡地、山谷、荒野、路边或林缘。

小贴士

天门冬的幼笋洗净焯水后可直接凉拌或炒食。其块根含有大量的淀粉，可以切片炒食，也可以用来炖汤或煮粥。天门冬的块根是一味常用的中药，味甘，性寒，有滋阴润燥、清肺生津、降火止咳的功效。

草本攀缘植物，茎细弱，平滑无毛

小花簇生于叶腋，白色或淡绿色

百合科 *Liliaceae*

百合科 *Liliaceae*　97

嘉兰

Gloriosa superba

别名：变色兰

科属：百合科嘉兰属

分布：云南南部、海南

花期

12 1 2 3 4 5 6 7 8 9 10 11

形态特征

攀缘植物。茎纤细缠绕，长 2～3 米或更长；叶一般互生，偶尔杂有对生，披针形，长 7～13 厘米，顶端呈尾状并延伸成细长的卷须，叶柄较短；花形特异，单生于上部叶腋，有时在枝端排列成疏散的近伞房状花序，总花梗较长；花瓣条状披针形，长 4.5～5 厘米，向后反折，因花俯垂而呈上举之态，基部变狭而略呈柄状，边缘皱波状，上半截红色，下半截黄色；肉质根状茎块状，常分叉，粗约 1 厘米。

生长习性

喜温暖湿润的气候，不耐寒，喜富含有机质、排水良好的肥沃土壤。常野生于海拔 950～1250 米的密林下或潮湿的灌丛中。

小贴士

嘉兰的块茎中富含秋水仙碱，此物有毒，不可食，但可入药，可用于治疗急性痛风、支气管炎、癌症等疾病。嘉兰花形奇特，花色艳丽华美，花期也比较长，是优良的垂直绿化花卉，可盆栽或植于阳台、廊下等处用于庭院绿化和美化。

花瓣条状披针形，向后反折，边缘皱波状

花色艳丽，上半截红色，下半截黄色

萱草

Hemerocallis fulva

别名：忘忧草、金针菜、萱草花、黄花菜

科属：百合科萱草属

分布：山西、山东、安徽、浙江、江西、湖南、福建、台湾、广东等

花期

形态特征

　　多年生草本植物。植株一般较高大，30～65厘米；叶基生，细长带状，长40～60厘米；花茎从叶腋抽出，在茎的顶端分枝并开花；花葶不等长，基部呈三棱形，上部则为圆柱形，分枝较多；花梗比较短，一般不到1厘米；苞片披针形，长3～10厘米；花被片六裂，多淡黄色、橘红色，有时花蕾顶端会稍带黑紫色；蒴果黑色，长3～5厘米，钝三棱状椭圆形，内含种子20多颗；根簇生，近肉质，中部偏下膨大。

生长习性

　　喜光照，极耐寒，耐瘠、耐旱，忌水涝，对土壤要求不严。多生于海拔2000米以下的山坡、山谷、荒地或林缘。

小贴士

　　萱草即我们常说的黄花菜，其花蕾采摘后晒干贮藏后是一味百搭的干菜，可以炒肉丝或煲汤。而其新鲜花蕾则需用开水汆烫、浸泡去毒方可食用，因为它含有秋水仙碱，而秋水仙碱进入人体氧化后会形成刺激肠胃和呼吸系统的二秋水仙碱。

植株一般较高大，30～65厘米

叶基生，细长带状

花被片六裂，多淡黄色、橘红色

大苞萱草

Hemerocallis middendorfii

别名：大花萱草

科属：百合科萱草属

分布：我国东北地区

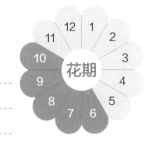

花期

形态特征

多年生草本植物，植株较低矮。单叶细条线，长 50 ～ 80 厘米，绿色，全缘，质地较柔软，上部常下弯；花葶纤细，直立生长，与叶近乎等长，一般不分枝，2 ～ 6 朵花聚生于顶端；苞片呈宽卵形，长 1.8 ～ 4 厘米；花稍大，花梗很短，花冠橘黄色或金黄色，花被管约一半都藏在苞片内，具有 6 枚披针形花瓣，长 6 ～ 7.5 厘米，略呈二轮排列，内外各 3 枚；蒴果呈椭圆形，略具三钝棱，长约 2 厘米；根略呈绳索状。

生长习性

喜阳光充足的温暖气候，耐半阴、耐旱，有一定耐寒性和抗盐碱性，抗病虫能力强。常野生于海拔较低的林下、湿地、草甸或草地上。

小贴士

大苞萱草全草可入药，性寒，味辛，归肺、肝、肾三经，有补肝益肾、清热解毒的功效，一般煎汤内服，3 ～ 10 克，主要用于治疗肺热咳嗽、多痰、咽痛、瘰疬等症。另外，乳痈、产后干血痨、月经不调、肝胆湿热、肾虚、失眠等症也适用。

花常 2 ～ 6 朵聚生于花葶顶端

花瓣 6 枚，橘黄色或金黄色，披针形

薔薇科
Rosaceae

蔷薇科是双子叶植物纲中较大的一个科，约有 124 属，3300 多种，分布于全世界，北温带较多。我国约有 51 属，1000 多种，产于全国各地。本科许多植物富有经济价值，但因为其美丽可爱的枝叶和花朵，多作观赏用，如绣线菊、绣线梅、珍珠梅、蔷薇、棣棠和白鹃梅等。

蔷薇科植物多为草本、灌木或小乔木，有刺或无刺，有时攀缘状；叶互生，稀对生，单叶或复叶，常有托叶；花多为两性，辐射对称，颜色鲜艳丰富；花托多少中空，花被即着生于其周缘；花瓣 5 基数，轮状排列；果为核果或聚合果，或为多数的瘦果藏于肉质或干燥的花托内，稀蒴果。

比较常见的蔷薇科野花主要来自以下几属：

蛇莓属	蛇莓属植物共 6 种，我国有 2 种。该属植物的花多单生于叶腋，无苞片，花瓣黄色，5 枚，长倒卵形。
悬钩子属	悬钩子属植物现知约有 700 多种，我国有 194 种。该属植物的花两性，聚伞状圆锥花序、总状花序、伞房花序或数朵簇生及单生。
委陵菜属	委陵菜属植物有 200 多种，我国约有 90 种。该属植物的花通常两性，单生，聚伞花序或聚伞圆锥花序，花瓣 5 枚，通常黄色，稀有白色或紫红色。
蔷薇属	蔷薇属植物约有 200 种，我国有 91 种。该属植物的花单生成伞房状，稀有复伞房状或圆锥状花序，白色、黄色、粉红色、红色等。
绣线菊属	绣线菊属植物有 100 多种，我国有 50 多种。该属植物的花序为长圆形或金字塔形的圆锥花序，花瓣粉红色。
珍珠梅属	珍珠梅属植物约有 9 种，我国约有 4 种。该属植物的花序是小型顶生的圆锥花序，花瓣 5 枚，白色，覆瓦状排列。
棣棠花属	棣棠花属仅有棣棠花 1 种，产于中国和日本。棣棠花的花稍大，单生，花瓣黄色，5 枚，长圆形或近圆形，具有短爪。
龙牙草属	龙牙草属植物有 10 多种，我国有 4 种。该属植物的花较小，两性，成顶生穗状的总状花序，花黄色。
石斑木属	石斑木属植物有 15 种，我国有 7 种。该属植物的花为直立总状花序、伞房花序或圆锥花序，花瓣 5 枚，具有短爪。
地榆属	地榆属植物有 30 多种，我国有 7 种。该属植物的花两性，稀有单性，密集成穗状花序或头状花序；萼片花瓣状，覆瓦状排列，紫色、红色或白色，无花瓣。
白鹃梅属	白鹃梅属植物有 4 种，我国有 3 种。该属植物的花白色，两性，排成顶生总状花序，花瓣 5 枚，宽倒卵形，白色。

白鹃梅

Exochorda racemosa

别名：白绢梅、金瓜果、茧子花

科属：蔷薇科白鹃梅属

分布：浙江、江苏、江西、湖北等

花期

形态特征

落叶灌木植物，株高 3～5 米。枝条细弱，较开展，小枝细圆柱形，具有浅凹槽，无被毛，初时为红褐色，老时变成褐色；单叶互生，近革质，长椭圆形、椭圆形至长圆状倒卵形，长 3.5～6.5 厘米，全缘，偶尔中部以上具有钝齿，无被毛，叶柄短或近于无柄；总状花序顶生，具有花 6～10 朵；小苞片宽披针形，萼筒浅钟状；花冠白色，直径 2.5～3.5 厘米，花瓣倒卵形，5 枚，长约 1.5 厘米，基部具有爪；蒴果具有 5 肋，果梗较短。

生长习性

喜光照充足的环境，耐半阴、耐干旱和瘠薄，稍耐寒，适应性强。常野生于海拔 250～500 米的山坡阴地。

小贴士

白鹃梅姿态秀美，花色清雅大方，果形奇异，是极佳的观花和观果植物，适宜在草地、林缘、路边及假山岩石间配植，也可制成树桩盆景。另外，白鹃梅营养丰富，具有一定的保健作用，可以益肝明目、提高人体免疫力。

蔷薇科 *Rosaceae*

总状花序顶生，白花密集

倒卵形花瓣 5 枚，基部具有爪

地榆

Sanguisorba officinalis

别名：黄爪香、山地瓜、猪人参

科属：蔷薇科地榆属

分布：黑龙江、吉林、辽宁、山西、甘肃、青海、河南、江苏、贵州等

花期

形态特征

多年生草本植物。根粗壮，多呈纺锤形，稀有圆柱形；茎直立，有棱；基生叶为羽状复叶，有小叶 4 ~ 6 对，小叶片有短柄，卵形或长圆状卵形，叶缘具有齿；茎生叶较少，长圆形至长圆状披针形；基生叶托叶膜质，褐色，茎生叶托叶大，草质，半卵形；穗状花序椭圆形、圆柱形或卵球形，直立，从花序顶端向下开放；苞片膜质，披针形；萼片 4 枚，紫红色，椭圆形至宽卵形；果实包藏在宿存萼筒内。

生长习性

喜光，耐高温多雨、耐寒，生命力旺盛，对土壤要求不严。常生于海拔 300 ~ 3000 米向阳的草甸、草原、山坡草地、灌丛中、疏林下等处。

小贴士

地榆的嫩苗、嫩茎叶或嫩花穗皆可食。春季采摘嫩苗，夏季采摘嫩茎叶或嫩花穗，洗净，焯烫，捞出用凉水冲去苦涩味，可以炒食、凉拌、做馅等。另外，地榆的干燥根可以入药，具有凉血止血、解毒敛疮的功效。

小叶卵形或长圆状卵形，叶缘具有齿

穗状花序椭圆形、圆柱形或卵球形

石斑木

Rhaphiolepis indica

别名：春花、雷公树、白杏花、报春花、车轮梅

科属：蔷薇科石斑木属

分布：我国华东、华南和西南地区

花期 4

形态特征

常绿灌木或小乔木植物，树高可达 3 米。树皮光滑无毛，暗紫褐色或灰褐色；革质单叶互生，长椭圆形或倒卵形，长 4 ~ 8 厘米，多集生于枝端，先端圆钝或渐尖，基部渐狭，叶缘有疏齿，网脉明显；短圆锥花序或总状花序生于枝顶，花梗长 5 ~ 15 毫米，被有锈色绒毛；花较小，花冠白色或略染淡红色，花瓣 5 枚，披针形或倒卵形，长 5 ~ 7 毫米；果实较小，熟时蓝黑色或紫黑色，近球形，直径约 5 毫米，果梗粗短。

生长习性

喜光照充足的环境，耐热、耐寒、耐水湿、耐盐碱，抗风。多野生于海拔 150 ~ 1600 米的阔叶林或疏林中。

小贴士

石斑木的果实营养丰富，成熟后可洗净生食，也可以榨成果汁或做成果酱，还可以搭配其他时蔬、瓜果做成沙拉。另外，石斑木的根和叶可以入药，全年可采，性寒，味微苦、涩，具有消肿止痛、清热下火的功效。

革质单叶互生，长椭圆形或倒卵形

短圆锥花序或总状花序生于枝顶

花冠白色或略染淡红色，花瓣 5 枚

蛇莓

Duchesnea indica

别名：蛇泡草、三爪风、鼻血果果、珠爪、蛇果、野草莓、蛇蔗、蚕莓

科属：蔷薇科蛇莓属

分布：我国各地

花期

形态特征

多年生草本植物。茎多数，细弱匍匐，长 30 ~ 100 厘米，被有柔毛；三出复叶，小叶菱状长圆形或倒卵形，长 2 ~ 5 厘米，叶缘具有钝齿，总叶柄长 1 ~ 5 厘米，有柔毛；托叶狭卵形至宽披针形，长 5 ~ 8 毫米；花较小，单独腋生，直径 1.5 ~ 2.5 厘米，花梗较细长；萼片卵形，副萼片倒卵形；黄色花瓣 5 枚，倒卵形，先端稍圆钝；瘦果较小，近卵球形，表皮光滑或密布小疣，成熟时变为鲜红色，有光泽；根茎较短且粗壮。

生长习性

喜阴凉、温暖湿润的环境，耐寒，不耐旱、不耐水渍。多生于海拔 1800 米以下的山坡、河岸、草地、潮湿的地方。

小贴士

蛇莓还有一个变种叫作小叶蛇莓，它的花和叶都比蛇莓要小得多，主要分布在我国的西藏。另外，蛇莓全草可入药，有清热解毒、散瘀消肿、收敛止血的功效。采其新鲜茎叶捣敷，可治疗疮、蛇咬伤、烫伤、烧伤等症，效果特别显著。

果近卵球形，表皮光滑或密布小疣，熟时鲜红色

花较小，黄色花瓣 5 枚，倒卵形

金露梅

Potentilla fruticosa

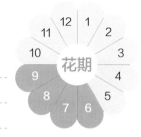

花期

	12	1	
11			2
10			3
9			4
8	7	6	5

别名：金腊梅、金老梅

科属：蔷薇科委陵菜属

分布：东北三省、内蒙古、河北、山西、陕西、甘肃、新疆、云南等

形态特征

　　灌木植物，高 0.5 ~ 2 米。分枝较多，树皮多纵向剥落，小枝红褐色；羽状复叶具有小叶 2 对，稀有 3 小叶，小叶倒卵状长圆形或卵状披针形，长 0.7 ~ 2 厘米，全缘，深绿色，疏被绢毛或柔毛；托叶较宽大，薄膜质，被有长柔毛或脱落后无毛；花单生或数朵集生于枝顶，花梗被有密毛；萼片卵圆形，副萼片倒卵状披针形，两者近等长；花瓣黄色，宽倒卵形，顶端圆钝；瘦果较小，褐棕色，近卵形，外被有长柔毛。

生长习性

　　耐干旱瘠薄，极耐寒，喜微酸至中性、排水良好的湿润土壤。常野生于海拔 1000 ~ 4000 米的山坡草地、林缘及灌丛。

小贴士

　　金露梅用途广泛，一身都是宝：其枝叶茂密，黄花鲜艳，可用于庭院美化；其叶和果中富含鞣质，可提炼制成栲胶；其花、叶可入药，有清暑润燥、健脾化湿、调经之效；其嫩茎叶可作为中等绿色饲料，是骆驼的最爱。

花单生或数朵集生于枝顶

花瓣黄色，宽倒卵形，顶端圆钝

朝天委陵菜

Potentilla supina

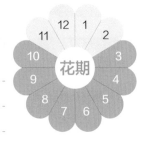

别名：伏委陵菜、仰卧委陵菜、铺地委陵菜、老鹤筋、老鸹筋、鸡毛草

科属：蔷薇科委陵菜属

分布：我国大部分省份

花期

形态特征

　　一年生或二年生草本植物。茎铺展或直立生长，叉状分枝，长20～50厘米，几乎无毛或被有疏毛。基生叶为羽状复叶，具有小叶2～5对，间隔排列，对生或互生，无柄，长圆形或倒卵状长圆形，叶缘羽状浅裂，两面皆绿色；茎生叶与基生叶相似，自下向上小叶对数渐少；花茎上多叶，下部花自叶腋生，顶端呈伞房状聚伞花序；黄色花瓣5枚，倒卵形，先端略凹；瘦果较小，呈长圆形，表面有脉纹；主根细长，有稀疏的侧根。

生长习性

　　喜光照充足的环境，较耐寒，喜湿润的土壤。常野生于海拔100～2000米的荒地、河岸沙地、草甸、田边及山坡湿地。

小贴士

　　3～6月采集朝天委陵菜的嫩茎叶，洗净并开水烫过，再以冷水浸泡去涩味后炒食；秋季或早春采挖的块根可用来煮稀饭，味道香甜。朝天委陵菜除了可作野菜食用，也可用来酿酒或入药。

小叶长圆形或倒卵状长圆形，叶缘羽状浅裂

黄色花瓣5枚，倒卵形，先端略凹

仙鹤草

Agrimonia pilosa

别名：龙牙草、脱力草、瓜香草、毛脚茵

科属：蔷薇科龙芽草属

分布：我国大部分省份

形态特征

多年生草本植物，株高 30 ～ 120 厘米。茎直立，被有疏柔毛及腺毛；奇数羽状复叶互生，叶片大小不等，呈卵圆形至倒卵圆形，间隔排列，长 2.5 ～ 7 厘米，叶缘具有规则的锯齿，两面均被柔毛；多数小花密集组成顶生的总状花序，花黄色，花瓣 5 片，长圆形；花萼五裂，呈倒圆锥形，萼筒外有一圈钩状刚毛，宿存；果实近似倒圆锥形，外被有柔毛，具有 10 肋，顶端有刺；地下茎横走，圆柱状，常生一个或数个根芽。

生长习性

能耐阴，半耐寒，环境适应性较强，对土壤要求不严。常野生于林下、田边、荒地、山坡、草地、路旁等处。

小贴士

仙鹤草的嫩茎叶是一种家常野菜，清水洗净焯烫后可直接凉拌，也可以清炒、拌面粉蒸食或做馅料等，还可以用来做汤或煮粥。另外，仙鹤草可全草入药，味苦，性平，有收敛止血、败毒抗癌、抗菌消炎的功效。

奇数羽状复叶互生，卵圆形至倒卵圆形

总状花序顶生，花黄色，花瓣 5 片

蔷薇科 *Rosaceae*

金樱子

Rosa laevigata

花期

别名：刺榆子、刺梨子、金罂子、山石榴、山鸡头子、糖罐

科属：蔷薇科蔷薇属

分布：陕西、江苏、浙江、湖北、湖南、广东、广西、福建、云南等

形态特征

常绿攀缘灌木植物，株高可达5米。小枝较粗壮，红褐色，散生扁三角状皮刺，无被毛；小叶革质，通常3枚，稀有5枚，倒卵形、披针状卵形或椭圆状卵形，长2~6厘米，叶缘生有锐齿，上面亮绿色，下面黄绿色；花单生于叶腋或侧枝顶端，直径5~8厘米，花梗粗长，有直刺；白色花瓣5枚，宽倒卵形，顶端略凹；花托发育成的果实为倒卵形或近球形，紫褐色或红色，外面密被刺毛，果梗较长，顶端有宿存的花萼。

生长习性

喜光照充足的环境，耐寒，喜排水良好的土壤。常野生于海拔200~1600米的向阳山坡、溪畔灌木丛或田边、路旁等处。

小贴士

金樱子的果实可入药，需于10~11月果实成熟变红时采收，干燥，除去毛刺即可。其性平，味酸、甘、涩，归肾、膀胱、大肠经，具有固精涩肠、缩尿止泻的功效，常用于治疗遗尿、遗精滑精、崩漏带下、脾虚泻痢等症。

白色花瓣5枚，宽倒卵形，顶端略凹

果实为倒卵形或近球形，外面密被刺毛

木香花

Rosa banksiae

别名：蜜香、青木香、五香、五木香、南木香、广木香

科属：蔷薇科蔷薇属

分布：四川、云南

花期
12 1
11 2
10 3
9 4
8 5
7 6

形态特征

攀缘小灌木植物，高可达 6 米。小枝呈细长圆柱形，无被毛，疏生短小的皮刺；老枝上的刺硬且大；奇数羽状复叶有小叶 3 ～ 5 枚，稀 7 枚，小叶长圆状披针形或椭圆状卵形，长 2 ～ 5 厘米，叶缘具有细齿，深绿色；托叶线状披针形，早落；花不大，直径 1.5 ～ 2.5 厘米，多花密集组成伞形花序；花梗无被毛，长 2 ～ 3 厘米；萼片卵形，全缘，内面被有白柔毛；花白色，重瓣至半重瓣，花瓣倒卵形，先端圆，基部楔形。

生长习性

喜光照充足的环境，也能耐半阴、耐旱、耐瘠薄，较耐寒，忌积水，对土壤要求不严。常野生于海拔 500 ～ 1300 米的路旁、溪边或山坡灌丛中。

小贴士

木香花茎枝细长，蜿蜒攀附于他物之上，花朵比较密实，色泽温润，味道香浓，秋天时枝头的蔷薇果红艳艳的，是极好的垂直绿化植物，可用于布置花廊或花柱，攀爬在墙垣或篱笆上，非常适合栽植于庭院。

蔷薇科 *Rosaceae*

花不大，多花密集组成伞形花序

花白色，重瓣至半重瓣，花瓣倒卵形

野蔷薇

Rosa multiflora

别名：白残花、刺蘼、墙蘼、买笑、多花蔷薇

科属：蔷薇科蔷薇属

分布：我国黄河流域以南各省

花期

形态特征

攀缘灌木植物，高 1 ~ 2 米。枝细长圆柱形，上升或蔓生，无毛，有皮刺；奇数羽状复叶，小叶 5 ~ 9 枚，倒卵状圆形或长圆形，长 1.5 ~ 5 厘米，先端圆钝或急尖，基部楔形或近圆形，叶缘具有锐齿，被有柔毛；多花簇生于茎端，排成圆锥状伞房花序，总花梗长 1.5 ~ 2.5 厘米；花多为白色，也有粉红色、深桃红色或黄色，直径 1.5 ~ 2 厘米，花瓣呈宽倒卵形，顶端稍缺；果实近球形，直径 6 ~ 8 毫米，熟时为红色，无毛，有光泽。

生长习性

喜光照充足的环境，耐寒、耐瘠薄，忌低洼积水，适应性强。多生于平原或丘陵地带的田边、路旁或灌木丛中。

小贴士

野蔷薇全身都是宝，其花、果、根都可供药用。果实名为"营实"，味酸，性温，无毒，有泻下作用，可利尿、通经、治水肿；花为芳香理气药，可清暑解渴、顺气和胃；根味苦、涩，性寒，无毒，能通络活血。

奇数羽状复叶，小叶倒卵状圆形或长圆形

果实近球形，熟时红色，无毛，有光泽

花多为白色，也有粉红色、深桃红色或黄色

多花排成圆锥状伞房花序

花瓣宽倒卵形，顶端稍缺

棣棠花
Kerria japonica

别名：棣棠、地棠、蜂棠花、黄度梅、金棣棠梅、黄榆梅

科属：蔷薇科棣棠花属

分布：我国华北、华中、华东、华南各地区

花期
12 1 2 3 4 5 6 7 8 9 10 11

形态特征

　　落叶灌木植物，株高1～2米或更高。小枝绿色，细长圆柱形，光滑无被毛，常拱垂；叶互生，卵圆形或三角状卵形，叶缘生有锐齿，两面绿色，叶脉显著，叶柄较短；托叶膜质，带状披针形，早落；花单生于当年生侧枝的顶端，直径2.5～6厘米，花梗无被毛；萼片卵状椭圆形，顶端急尖，全缘，无毛，果时宿存；花黄色，花瓣5枚或重瓣，宽椭圆形，先端略凹；瘦果褐色或黑褐色，倒卵形或半球形，无毛有皱褶。

生长习性

　　喜温暖湿润和半阴的环境，耐寒性较差，对土壤要求不严，以肥沃、疏松、排水良好的沙壤土生长最好。常野生于山坡、山脚下。

小贴士

　　棣棠花在日本叫作山吹花，因为在古日语中，像棣棠花具有的这种浓黄的颜色就叫山吹色，所以花以色名。棣棠花开在四月上旬，这时早春的一众红红紫紫的花儿已败谢，浓黄明媚的棣棠花不禁让人眼前一亮。

单瓣棣棠有花瓣5枚，宽椭圆形，先端略凹

重瓣棣棠花近似球状

蓬蘽

Rubus hirsutus

别名：覆盆、陵蘽、阴蘽、割田藨、寒莓、寒藨

科属：蔷薇科悬钩子属

分布：广东、江西、安徽、江苏、浙江、福建、台湾、河南等

花期

形态特征

    灌木植物，高1～2米。枝褐色或红褐色，被有柔毛，生有稀疏的皮刺；小叶3～5枚，多为绿色，偶有紫色，宽卵形或卵形，长3～7厘米，顶端骤尖，顶生小叶比侧生小叶稍大，叶脉清晰，叶柄有柔毛及腺毛；花腋生或单生于侧枝的顶部，花冠较大，直径3～4厘米，花梗长2～6厘米；花冠白色，花瓣5片，近圆形或倒卵形，基部有爪；果实为由小核果集生于花托上而成的聚合果，近球形，中空，直径1～2厘米，熟时为深红色。

生长习性

    环境适应性强，对土壤要求不严，较易生长。常野生于海拔1500米以下的背阴山坡、路旁的阴湿处或灌丛中。

小贴士

    蓬蘽的果实形似草莓而较小，成熟时鲜红多汁，味道酸甜，洗净后可直接生食，也可以用来制作果汁、果酱、水果沙拉等。蓬蘽全株及根可入药，味甘、酸，性温，无毒，有消炎解毒、补肾益精、活血祛湿的功效。

花冠白色，花瓣5片，近圆形或倒卵形

果实近球形，中空，熟时为深红色

插田泡

Rubus coreanus

别名：插田藨、高丽悬钩子

科属：蔷薇科悬钩子属

分布：江西、湖北、安徽、浙江、四川、贵州等

花期

12 1
11 2
10 3
9 4
8 5
7 6

形态特征

　　灌木植物，株高 1～3 米。小枝红褐色，被有霜粉，比较粗壮，生有直刺或扁平的皮刺；小叶通常
5 枚，稀有 3 枚，菱状卵形、卵形或宽卵形，长 2～8 厘米，叶缘具有不整齐粗齿或缺刻，叶柄稍长；
多花密集组成伞房花序，生于侧枝的顶端，花梗被有灰白色短毛；萼片卵状披针形或长卵形，边缘有绒毛，
花时开展，果时反折；花较小，淡红色至深红色，花瓣倒卵形；果实较小，近球形，成熟时变深红色甚
至紫黑色，几乎无毛。

生长习性

　　喜半阴的环境，较耐寒，喜排水良好的土壤。常野生于海拔 300～1500 米的山沟林下、山坡、山
脚或较阴湿处。

小贴士

　　插田泡的果实味道酸甜，可生食、熬糖、做果酱或酿酒，有一定的经济价值。除此之外，果实还可入药，
可作为强壮剂，性温，可补肾固精，适用于遗精、遗尿、阳痿等症。其根也可药用，能调经活血、止血止痛，
适用于跌打损伤、月经不调等症。

果实较小，近球形，熟时变深红色甚至紫黑色　　　　　花较小，淡红色至深红色

绣线菊

Spiraea salicifolia

别名：柳叶绣线菊、蚂蝗草、珍珠梅、马尿骚

科属：蔷薇科绣线菊属

分布：辽宁、内蒙古、河北、山东、山西等

花期

形态特征

　　直立灌木植物，株高 1 ~ 2 米。枝条密集，小枝黄褐色，具有浅槽，枝嫩时被有短柔毛，老时脱落；叶披针形或长圆状披针形，长 4 ~ 8 厘米，叶缘密生锐齿或重锯齿，两面无毛，叶柄极短；花序较大型，为长圆形或金字塔形的圆锥花序，长 6 ~ 13 厘米，花朵密集；萼筒钟状，檐部裂片三角形，内面微被短柔毛；花较小，花瓣卵形，粉红色；雄蕊多数，约为花瓣的两倍长；蓇葖果较小，直立，无毛或沿腹缝有短柔毛，具有宿存萼。

生长习性

　　喜光照充足、温暖湿润的气候，稍耐阴、耐寒、耐旱、耐修剪。常生于海拔 200 ~ 900 米的河流沿岸、山沟中、草原或旷地。

小贴士

　　绣线菊又叫柳叶绣线菊，因为其叶片为细长披针形，极似柳叶。绣线菊是典型的两性花，花期比较长且花期在夏季，正是缺花季节，其粉红色的美丽花朵给炎炎夏日带来些许柔情，极适于庭院栽培。

叶披针形或长圆状披针形，长 4 ~ 8 厘米

小花密集，花瓣卵形，粉红色

雄蕊多数，约为花瓣的两倍长

蔷薇科 *Rosaceae*

珍珠梅

Sorbaria sorbifolia

别名：山高粱条子、高楷子、八本条

科属：蔷薇科珍珠梅属

分布：辽宁、吉林、黑龙江、内蒙古等

花期

形态特征

　　灌木植物，高可达 2 米。株丛丰满，枝条较开展；小枝细圆柱形，无毛或微被短柔毛，嫩时绿色，老时暗红褐色或黄褐色；奇数羽状复叶，具有对生小叶 11 ~ 17 枚，小叶披针形至卵状披针形，长 5 ~ 7 厘米，叶缘生有尖锐重锯齿，叶面近无毛，羽状网脉显著；大型圆锥花序顶生，长 10 ~ 20 厘米，多花密集；小花白色，花瓣 5 枚，倒卵形或长圆形；蓇葖果呈长圆形，顶生弯曲的花柱，果梗直立；宿存花萼反折，稀开展。

生长习性

　　喜光照充足的湿润环境，也较耐阴，极耐寒，对土壤要求不严。常生于海拔 250 ~ 1500 米的山坡疏林、山地灌木丛中。

小贴士

　　珍珠梅株丛丰满，花色清雅，花形秀丽，花期又正逢少花的夏季，再加上耐阴、易存活的特性，所以在园林应用中十分常见，非常受欢迎，一般孤植、列植或丛植皆可。另外，珍珠梅还具有杀灭或抑制多种有害细菌的作用，值得推广种植。

大型圆锥花序顶生，多花密集

奇数羽状复叶，小叶披针形至卵状披针形

花白色，花瓣 5 枚，倒卵形或长圆形

豆科
Leguminosae

豆科是双子叶植物纲的一个大科，约650属，18000种，广布于全世界。我国有172属，1485种、13亚种、153变种、16变型，各省、自治区、直辖市均有分布。豆科具有重要的经济意义，它是人类食品中淀粉、蛋白质、油和蔬菜的重要来源之一。

豆科植物多为乔木、灌木、亚灌木或草本，直立或攀缘。叶常绿或落叶，多互生，稀对生，常为一回或二回羽状复叶，少数为掌状复叶或3小叶、单小叶；花两性，稀单性，辐射对称或两侧对称，通常排成总状花序、聚伞花序、穗状花序、头状花序或圆锥花序；花被二轮，花瓣常与萼片的数目相等，分离或连合成具有花冠裂片的管，有时构成蝶形花冠；果为荚果，形状各式各样，成熟后沿缝线开裂或不裂，内含种子。

比较常见的豆科野花主要来自以下几属：

苜蓿属	苜蓿属植物有70多种，我国有13种、1变种。该属植物为腋生的总状花序，有时呈头状或单生，花较小，花冠黄色、紫色、堇青色等。
含羞草属	含羞草属植物约有500种，我国有3种、1变种。该属植物的花小，通常多花组成稠密的球形头状花序或圆柱形穗状花序。
车轴草属	车轴草属植物约有250种，我国包括常见于引种栽培的有13种、1变种。该属植物为顶生或假顶生的头状花序或短总状花序，小花蝶形，红色、黄色、白色或紫色。
决明属	决明属植物约有600种，我国原产10多种，加上引种栽培的共20多种。该属植物的花通常为黄色，组成腋生的总状花序或顶生的圆锥花序。
草木犀属	草木犀属植物有20多种，我国有4种、1亚种。该属植物为细长的总状花序，腋生，多花疏列，花冠黄色或白色，偶带淡紫色晕斑。
猪屎豆属	猪屎豆属植物约有550种，我国有40种、3变种。该属植物的总状花序顶生、腋生或与叶对生，花冠黄色或深紫蓝色。
黄耆属	黄耆属植物有2000多种，我国有278种、2亚种、35变种、2变型。该属植物为总状花序、穗状花序、头状花序或伞形花序，稀有单生，花紫红色、紫色、青紫色、淡黄色或白色。
葛属	葛属植物约有35种，我国有8种、2变种。该属植物为腋生的总状花序或圆锥花序，花冠天蓝色或紫色。
蝶豆属	蝶豆属植物约有70种，我国原产的有3种，引入的有1种。该属植物的花大而美丽，单朵或成对腋生或排成总状花序。
槐属	槐属植物有70多种，我国有21种、14变种、2变型。该属植物的花序呈总状或圆锥状，顶生、腋生或与叶对生，花白色、黄色或紫色。

胡枝子属	胡枝子属植物有 60 多种，我国有 26 种。该属植物为腋生的总状花序或花束，花常二型，一种有花冠，结实或不结实；另一种无花瓣，结实。
野豌豆属	野豌豆属植物约有 200 种，我国有 43 种、5 变种。该属植物的花序腋生，总状或复总状，蝶形小花淡蓝色、蓝紫色或紫红色，稀有黄色或白色。
锦鸡儿属	锦鸡儿属植物有 100 多种，我国有 62 种。该属植物的花单生、并生或簇生于叶腋，花冠黄色，少有淡紫色、浅红色。
黧豆属	黧豆属植物有 100 ~ 160 种，我国有 15 种。该属植物的花序腋生或生于老茎上，近聚伞状、假总状或紧缩的圆锥花序，花大而美丽，深紫色、红色、浅绿色或近白色。
百脉根属	百脉根属植物约有 100 种，我国有 8 种、1 变种。该属植物的花序具有花 1 朵至多朵，略呈伞形，花冠黄色、玫瑰红色或紫色，稀有白色。
云实属	云实属植物约有 100 种，我国有 17 种。该属植物为腋生或顶生的总状花序或圆锥花序，花中等大或大，黄色或橙黄色。

豆科 *Leguminosae*

锦鸡儿

Caragana sinica

别名：黄雀花、土黄豆、粘粘袜、酱瓣子、阳雀花、黄棘

科属：豆科锦鸡儿属

分布：我国长江流域及华北地区

形态特征

灌木植物，稀为小乔木。托叶常硬化成针刺，三角形，长5～7毫米；羽状小叶2对，有时呈假掌状，上部一对常比下部一对稍大，硬纸质或厚革质，长圆状倒卵形或倒卵形，长1～3.5厘米，上面深绿色，下面淡绿色；花单生，花梗稍长，约1厘米；花萼管状或钟状，基部偏斜；花冠蝶形，黄色而略带橘红色，长2.8～3厘米，旗瓣呈狭倒卵形，翼瓣比旗瓣略长一些，龙骨瓣宽而钝；荚果细圆筒状，长3～3.5厘米。

生长习性

喜光照充足的环境，较耐阴，耐寒性强，抗旱耐瘠，忌湿涝，对土壤要求不严。常生于丘陵、山区的向阳坡地和灌丛中。

小贴士

锦鸡儿枝叶小巧秀丽，花色明艳，可用于园林绿化，单植或丛植于路旁、坡地或假山岩石旁皆可，还可以用来制作盆景。另外，锦鸡儿的根和花可入药，性温，有滋补强壮、活血调经、祛风除湿、止咳化痰的功效。

花单生，黄色，有时略带橘红色

花冠蝶形，花梗稍长，约1厘米

百脉根

Lotus corniculatus

别名：五叶草、牛角花

科属：豆科百脉根属

分布：四川、贵州、广西、湖北、江苏、河北、新疆、甘肃等

花期

12 1 2 3 4 5 6 7 8 9 10 11

形态特征

多年生草本植物，株高 15 ~ 50 厘米。茎丛生，匍匐或上升，近四棱形，内里实心；羽状复叶具有小叶 5 枚，顶端 3 枚，基部 2 枚；小叶纸质，斜卵形至倒卵状披针形，长 5 ~ 15 毫米，小叶柄极短，被有黄色长柔毛；伞形花序疏花，总花梗较长；花冠蝶形，黄色或金黄色，干后常变蓝色，旗瓣扁圆形，翼瓣和龙骨瓣等长；荚果线状圆柱形，长 2 ~ 2.5 厘米，褐色，熟时二瓣裂且扭曲；种子多数，极小，呈卵圆形，灰褐色。

生长习性

喜阳光充足、温暖湿润的气候，耐瘠、耐湿，不耐阴、不耐寒，耐践踏，再生性强。常野生于向阳草坡、荒地等。

小贴士

百脉根茎秆细弱而细叶繁密，产草量比较高，而且其营养含量在豆科牧草中排首位，茎叶保存养分的能力尤其强，所以有很高的饲用价值。另外，百脉根的茎枝匍匐生长，枝叶茂密，覆盖度大，在荒坡裸地种植，有保持水土的作用。

植株较矮小，高 15 ~ 50 厘米

花冠蝶形，黄色或金黄色

豆科 *Leguminosae*

云实

Caesalpinia decapetala

别名：马豆、水皂角、天豆、药王子、铁场豆

科属：豆科云实属

分布：我国大部分地区

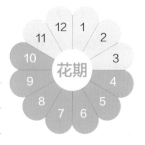

花期

1 2 3 4 5 6 7 8 9 10 11 12

形态特征

藤本植物。树皮暗红色，小枝、叶轴等均被有柔毛，具有钩刺；二回羽状复叶较大，长 20 ~ 30 厘米，具有对生羽片 3 ~ 10 对，柄较长；每个羽片具有膜质小叶 8 ~ 12 对，小叶长圆形，长 1 ~ 2.5 厘米；顶生总状花序直立，长 15 ~ 30 厘米，具有花多数；膜质花瓣黄色，倒卵形或圆形，长约 1 厘米，基部具有瓣柄；荚果脆革质，栗褐色，长圆状舌形，长 6 ~ 12 厘米，无被毛，熟时沿腹缝开裂，先端有喙；种子椭圆形，种皮棕色。

生长习性

喜光照充足、温暖湿润的环境，耐半阴、耐修剪，抗污染，适应性强。常野生于平原或丘陵地带的山坡灌丛中、河边等处。

小贴士

云实的根、茎、叶、果及种子均可药用，性温，味苦、涩，无毒，能发表散寒、活血通经、镇咳祛痰、解毒杀虫，可用于治疗筋骨疼痛、跌打损伤、小儿口疮等症。另外，其果皮和树皮含有单宁，种子含油35%，可制肥皂和润滑油。

二回羽状复叶较大，长 20 ~ 30 厘米

顶生总状花序直立，具有多数黄色小花

白花油麻藤

Mucuna birdwoodiana

别名：禾雀花、鲤鱼藤、雀儿花

科属：豆科黧豆属

分布：江西、福建、广东、广西、贵州、四川等

花期

形态特征

常绿、大型木质藤本植物。老茎外皮呈灰褐色，幼茎具有纵沟槽，褐色皮孔明显凸起；羽状复叶具有 3 小叶，小叶近革质，卵形、椭圆形或略呈倒卵形，长 9 ~ 16 厘米，柄较短；总状花序较大型，生于叶腋或老枝上，长 20 ~ 38 厘米，具有花 20 ~ 30 朵；花冠蝶形，白色或绿白色；果实长带形，长 30 ~ 45 厘米，木质，近念珠状，密被红褐色短绒毛；种子深紫黑色，多数，近肾形，长约 3 厘米，种脐较长。

生长习性

喜温暖湿润的气候，耐阴、耐旱，不耐严寒，性强健。常生于海拔 800 ~ 2500 米的山地向阳处、路旁或溪边，攀缘在其他乔木或灌木上。

小贴士

白花油麻藤在盛花期总是花繁叶密，其累累花序悬挂于棚下，犹如鸟雀飞舞，颇具观赏价值，因此最宜栽植于公园、庭院等处，装饰大型花架、花廊等，或者用作墙垣、假山阳台等处的垂直绿化，也颇有几分野趣。

总状花序较大型，生于叶腋或老枝上

花冠蝶形，白色或绿白色

紫苜蓿

Medicago sativa

别名：紫花苜蓿

科属：豆科苜蓿属

分布：我国各地

花期

11 12 1 2 3 4 5 6 7 8 9 10

形态特征

多年生草本植物，株高 30 ~ 100 厘米。茎绿色，四棱形，微被柔毛或无毛，直立、丛生或平卧；羽状三出复叶，纸质小叶长卵形、倒长卵形至线状卵形，几乎等大，深绿色；花序总状或头状，具有蝶形小花 5 ~ 30 朵，花梗较短；花冠淡紫色、淡蓝色或暗紫色，旗瓣、翼瓣、龙骨瓣均具有长瓣柄；荚果螺旋状紧卷 2 ~ 6 圈，直径 5 ~ 9 毫米，具有不清晰的细脉纹，成熟时变棕色；卵形种子小且多，黄色或棕色，较平滑；根粗壮，根系发达。

生长习性

喜温暖、半湿润到半干旱气候，抗寒性较强。常野生于荒地、旷野、田边、路旁、河岸及沟谷等地。

小贴士

紫苜蓿除了食用、饲用及药用之外，还有一定的保持水土的作用。紫苜蓿小叶密集，吸水快，持水量较大，从而能有效地截留降水，减少地表径流。另外，紫苜蓿根系也非常发达，可以固氮，能提高土壤有机质的含量并增强土壤的持水性和透水性。

花冠淡紫色、淡蓝色或暗紫色

羽状三出复叶，小叶多为长卵形

花序具有蝶形小花 5 ~ 30 朵

南苜蓿

Medicago polymorpha

别名： 刺苜蓿、刺荚苜蓿、黄花苜蓿、金花菜、母齐头、黄花草子

科属： 豆科苜蓿属

分布： 安徽、江苏、浙江、江西、湖北、湖南、陕西、云南等

花期

12 1 2 3 4 5 6 7 8 9 10 11

形态特征

一年生或二年生草本植物，株高 20 ~ 90 厘米。茎细弱，平卧或直立上升，近于四棱形，微被毛或无毛；羽状三出复叶，叶柄柔软细长；纸质小叶三角状倒卵形或倒卵形，约等大；头状花序腋生，近伞形，具有花 2 ~ 10 朵；花冠蝶形，黄色，旗瓣倒卵形，翼瓣长圆形，龙骨瓣比翼瓣稍短；荚果暗绿褐色，似盘形，直径 4 ~ 6 毫米，有多条辐射状纹路；种子呈棕褐色，较为平滑，长肾形，长约 2.5 毫米。

生长习性

喜光照充足的环境，极耐寒，对土壤要求不严，环境适应性强。多野生于较肥沃的山坡、路旁、林下或荒地。

小贴士

苜蓿是一种优质牧草，营养价值很高，有"牧草之王"的美誉。其粗蛋白质含量高，而且消化率可达 70% ~ 80%。另外，苜蓿富含多种维生素和微量元素，同时还含有一些未知的促生长因子，对畜禽的生长发育均具有良好的作用。

羽状三出复叶，小叶纸质，约等大

头状花序近伞形，花冠黄色

豆科 *Leguminosae*

含羞草

Mimosa pudica

别名： 感应草、知羞草、呼喝草、怕丑草、见笑草、夫妻草、害羞草

科属： 豆科含羞草属

分布： 台湾、福建、广东、广西、云南等

花期 1 2 3 4 5 6 7 8 9 10 11 12

形态特征

披散的亚灌木状草本植物，株高可达1米。茎细圆柱状，有分枝，散生下弯的钩刺及倒刺毛；羽状复叶，羽片和小叶触之即闭合而下垂；羽片通常两对，生于总叶柄顶端，指状排列；小叶10～20对，线状长圆形，叶缘具有白色小刚毛；头状花序具有多花，呈圆球形，直径约1厘米，单生或2～3个腋生，总花梗较长；花较小，淡红色；荚果为扁平的长圆形，稍弯曲，荚缘波状，有刺毛；种子卵形，长3.5毫米。

生长习性

喜温暖湿润、阳光充足的环境，适应性较强，生长迅速。常野生于旷野、荒地、灌木丛中。

小贴士

含羞草一被触碰就收拢，这有一定的历史根源。含羞草原产于南美洲的巴西，那里常有大风大雨。当第一滴雨打到叶子时，它会立即将叶片闭合、叶柄下垂，以躲避狂风暴雨对它的伤害，这源于它对环境的适应性。另外，动物稍一碰它就合拢叶子，动物受惊就不敢再吃它了，这是它的一种自卫方式。

羽片通常两对，生于总叶柄顶端，指状排列

头状花序具有多花，小花淡红色

红车轴草

Trifolium pratense

别名：红三叶、红花苜蓿、三叶草

科属：豆科车轴草属

分布：我国各地

花期

形态特征

短期多年生草本植物，生长期 2 ～ 9 年。茎一般直立或平卧上升，较粗壮，生有纵棱，无毛或疏被柔毛；掌状三出复叶，总叶柄较长；小叶呈倒卵形或卵状椭圆形，长 1.5 ～ 5 厘米，宽 1 ～ 2 厘米，两面疏被柔毛，叶面常生有Ｖ形白色斑纹，小叶柄较短；球状花序或卵状花序顶生，蝶形小花密集，30 ～ 70 朵，花冠紫红色至淡红色，旗瓣为狭长的匙形，龙骨瓣比翼瓣稍短；荚果呈卵形，一般内生一粒扁圆形的种子。

生长习性

喜光照充足、凉爽湿润的环境，耐湿，不耐旱、不耐热、不耐寒，宜排水良好、土质肥沃的黏性壤土。常野生于荒坡、林下、田边等处。

小贴士

红车轴草有较高的园艺价值，常用于花坛镶边或布置花境、缀花草坪、机场、高速公路、庭院绿化及江堤湖岸等固土护坡绿化中，可与其他冷季型草和暖季型草混播，也可单播，既能赏花又能观叶，同时覆盖地面的效果好。

掌状三出复叶，小叶卵状椭圆形，上有Ｖ形白斑

球状花序顶生，小花紫红色至淡红色

白车轴草

Trifolium repens

别名：白花车轴草、白花三叶草、白花苜蓿、金花草、菽草翘摇

科属：豆科车轴草属

分布：我国大部分地区

花期

11 12 1 2 3 4 5 6 7 8 9 10

形态特征

多年生草本植物。茎低矮匍匐，细弱，无被毛；三出复叶，小叶倒心形至倒卵形，顶端圆钝或略凹，基部呈宽楔形，叶缘生有整齐的细锯齿，表面无毛，有白色 V 形斑纹，背面微被短柔毛；托叶呈长椭圆形，顶端较尖，基部抱茎；头状花序单生于顶，有较长的总花梗，远高出于叶丛；花萼筒状，萼齿是小小的三角形；多数蝶形小花密集，白色，稀有淡红色；荚果倒卵状椭圆形，有 3 ～ 4 枚种子；种子较小，黄褐色，近圆形。

生长习性

喜温暖湿润的气候，再生性好，耐践踏，耐酸性强，在 pH=4.5 的土壤中仍能生长，适应性广，除盐碱土外，在排水良好的各种土壤中均可生长。

小贴士

白车轴草全草可供药用，性平，味微甘，有清热凉血、宁心安神的功效。而且白车轴草株丛低矮茂密，蓄水性强，如果成片种植，可保持水土。此外，它还是一种优良的牧草。

三出复叶，小叶倒心形至倒卵形，表面有白色 V 形斑纹

多数小花密集，白色，稀有淡红色

决明

Cassia tora

别名：草决明、羊角、马蹄决明、还瞳子、假绿豆、马蹄子、羊角豆

科属：豆科决明属

分布：贵州、广西、安徽、四川、浙江、广东等

花期

12 1 2 3 4 5 6 7 8 9 10 11

形态特征

一年生亚灌木状草本植物，株高 1～2 米。茎直立生长，较为粗壮；偶数羽状复叶对生，具有膜质小叶 3 对，先端 1 对小叶最大，倒卵状长椭圆形或倒卵形，长 2～6 厘米，顶端圆钝，基部渐狭，两面疏被柔毛；花通常成对腋生，花梗较短，丝状；花冠黄色，花瓣 5 片，瓢状阔卵形，长 12～15 毫米；荚果细长，近四棱形，两端渐尖，长达 15 厘米；种子菱形，深褐色，较光亮。

生长习性

喜光照充足、温暖湿润的环境，适应性较强，对土壤的要求不严。多生于向阳山坡、沟边、旷野及河滩沙地上。

小贴士

决明在植物群落里生命力极其旺盛，常常与其他植物争夺营养，因此在北美洲等地区被视为一种入侵性野草。决明的种子（即"决明子"）可入药，味苦，性微寒，有清肝明目、消肿解毒、利肠通便等功效。

花通常成对腋生，花冠黄色，花瓣 5 片，瓢状阔卵形

荚果细长，近四棱形

豆科 *Leguminosae*

草木犀

Melilotus officinalis

花期

别名：铁扫把、败毒草、省头草、香马料

科属：豆科草木犀属

分布：我国东北、华南、西南地区

形态特征

　　二年生草本植物，高 40 ~ 100 厘米或更高。茎较粗壮，具有纵棱，微被柔毛，直立生长，分枝较多；羽状三出复叶，小叶倒卵形、阔卵形、倒披针形至线形，长 15 ~ 30 毫米，叶缘疏生不规则浅齿；总状花序，腋生，长 6 ~ 20 厘米，具有花 30 ~ 70 朵，初时极稠密，花开后渐疏松；蝶形花冠黄色，旗瓣、翼瓣、龙骨瓣近等长；荚果较小，卵形，棕黑色，表面凹凸不平，具有横向细网纹，花柱宿存；种子较小，黄褐色，卵形，较平滑。

生长习性

　　喜光照充足的环境，半耐寒，喜排水良好的土壤。常野生于荒坡、河岸、林缘、路旁、砂质草地等处。

小贴士

　　草木犀抗逆性强、产量高、用途多样，被人们誉为"宝贝草"。草木犀根系入土极深，覆盖度大，防风防土的效果极好；草木犀的花花蜜很多，是很好的蜜源植物；草木犀的秸秆可以作燃料；草木犀的嫩植株可作饲料生产绿肥。

蝶形花冠黄色，旗瓣、翼瓣、龙骨瓣近等长　　　　　　　总状花序较长，具有花 30 ~ 70 朵

猪屎豆

Crotalaria pallida

花期

别名：白猪屎豆、野苦豆、大眼兰、野黄豆草、猪屎青、大马铃

科属：豆科猪屎豆属

分布：山东、浙江、福建、台湾、湖南、广东、广西、四川、云南等

形态特征

多年生草本植物，有时呈灌木状。茎直立生长，细圆柱形，具有细而浅的沟纹，密被紧贴的短柔毛；叶三出，小叶椭圆形或长圆形，长3～6厘米，叶背面略被毛，叶脉显著；总状花序较长，顶生，多花密集；花冠蝶形，亮黄色，旗瓣圆形或椭圆形，翼瓣长圆形，龙骨瓣最长，弯曲几乎达到90°，具有长喙；荚果呈长圆柱形，长3～4厘米，腹缝明显，幼时绿色，被有短柔毛，成熟后毛脱落，变为黑色；种子较小，20～30颗。

生长习性

喜光照充足的环境，耐寒，喜排水良好的土壤。常野生于山坡、路旁。

小贴士

猪屎豆全草可入药，性平，味苦、辛，归大肠、膀胱经，有清热利湿、解毒散结的功效，可用于治疗痢疾、湿热腹泻、小便淋沥、小儿疳积、乳腺炎等症。现代药理研究表明，猪屎豆的茎叶含有生物碱，有小毒，但具有降低血压、松弛肌肉和解除痉挛的作用。

总状花序顶生，多花密集，花亮黄色

叶三出，小叶椭圆形或长圆形

荚果长圆柱形，腹缝明显，熟时为黑色

豆科 *Leguminosae*

紫云英

Astragalus sinicus

别名：翘摇、红花草、草子

科属：豆科黄耆属

分布：我国长江流域各省、自治区、直辖市

花期图：12 1 2 3 4 5 6 7 8 9 10 11 （花期）

形态特征

二年生草本植物，株高 10 ~ 30 厘米。茎细弱，常匍匐，多分枝，被有白色疏柔毛；奇数羽状复叶长 5 ~ 15 厘米，具有小叶 7 ~ 13 片，小叶长椭圆形或倒卵形；总状花序腋生，呈伞形，具有花 5 ~ 10 朵，总花梗较长；小花蝶形，花冠紫红色或橙黄色，旗瓣倒卵形，翼瓣较旗瓣短，龙骨瓣与旗瓣近等长；荚果扁长圆形，微弯，先端具有短喙，外皮黑色，有隆起的网状纹路；种子较小，栗褐色，肾形，长约 3 毫米。

生长习性

喜温暖湿润的环境，耐阴，稍耐寒，不耐盐碱，喜排水良好的土壤。常野生于海拔 400 ~ 3000 米的山沟、溪边、河岸及其他潮湿处。

小贴士

紫云英是重要的绿肥作物，其固氮能力强，氮素利用率高，植株腐解时对土壤氮素的激发量很大，所以在我国南方常当作稻田冬季绿肥来栽种。而且紫云英还是我国主要的优质蜜源植物之一，在其花期，每群蜜蜂可采蜜 20 ~ 30 千克甚至更多。

奇数羽状复叶，小叶长椭圆形或倒卵形

小花蝶形，花冠紫红色或橙黄色

葛

Pueraria lobata

别名：葛藤、甘葛、野葛

科属：豆科葛属

分布：除新疆、青海、西藏外的我国各地

花期

12 1 2 3 4 5 6 7 8 9 10 11

形态特征

粗壮藤本植物，缠绕可达8米长，全体被有黄褐色硬毛。茎基部木质，有肥厚粗大的块状根；叶互生，有长柄，三出复叶，卵圆形或菱圆形，两面皆密被小毛；总状花序腋生，长15～30厘米，花朵集中于花序轴中上部；花萼钟形，长约1厘米，被有黄褐色柔毛，裂片披针形；蝶形花蓝紫色或紫色，旗瓣倒卵形，翼瓣镰状，龙骨瓣镰状长圆形；荚果长椭圆形略扁，长5～9厘米，外被褐色长毛；种子扁卵圆形，赤褐色，有光泽。

生长习性

环境适应性较强，对土壤要求不严。多生于海拔1700米以下较温暖潮湿的向阳坡地、沟谷或矮小灌丛中。

小贴士

葛根含有大量的淀粉，可供食用。而其茎皮纤维可供织布和造纸，古代应用甚广，较为常见的有葛衣、葛巾、葛纸、葛绳等。另外，葛根可入药，味甘，性平，有解表退热、生津止渴、通经活络、透疹止泻的功能。

藤本植物，喜攀附他物

总状花序腋生，花蓝紫色或紫色

豆科 *Leguminosae*

蝶豆

Clitoria ternatea

别名：蓝蝴蝶、蓝花豆、蝴蝶花豆

科属：豆科蝶豆属

分布：广东、海南、广西、云南、台湾、浙江、福建等

花期：12 1 2 3 4 5 6 7 8 9 10 11

形态特征

攀缘草质藤本植物。茎和小枝都比较细弱，攀附于他物，被有短柔毛；奇数羽状复叶，具有小叶 5～7 枚，5 枚居多，薄纸质或近膜质，一般宽椭圆形，有时近卵形，长 2.5～5 厘米，叶柄较短，被有柔毛；花比较大，单生于叶腋；有披针形苞片 2 枚，花萼膜质；花冠蝶形，通常蓝色，偶见粉红色或白色，旗瓣宽倒卵形，直径约 3 厘米，翼瓣与龙骨瓣比旗瓣小很多；荚果扁平，具有长喙，长 5～11 厘米，含 6～10 颗种子；种子黑色，长圆形，种阜明显。

生长习性

喜日照充足、温暖湿润的环境，耐半阴，畏霜冻，宜排水良好、疏松肥沃的土壤。

小贴士

蝶豆原产于台湾地区和印度尼西亚，目前尚未有人工引种栽培。它在不同地区有不一样的名字：日本人称其为蝶豆，广东人称其为蓝蝴蝶，在其他地方还有叫蓝花豆和蝴蝶花豆的。全株可做绿肥，蓝色大花酷似蝴蝶，可做观赏植物，还可做牧草、饲料。

奇数羽状复叶，小叶多为宽椭圆形

花比较大，单生于叶腋

花冠通常蓝色，偶见粉红色或白色

白刺花

Sophora davidii

花期 12 1 2 3 4 5 6 7 8 9 10 11

别名：苦刺、苦刺花、狼牙刺、铁马胡烧、马蹄针

科属：豆科槐属

分布：河北、陕西、河南、江苏、浙江、湖南、广西、云南、西藏等

形态特征

灌木或小乔木植物，高 1～2 米，有时 3～4 米。枝条较开展，不育枝的末端明显变成刺，有时分叉；羽状复叶，具有小叶 5～9 对，小叶多形，一般为倒卵状长圆形或长圆状卵形；总状花序疏花，略下弯，着生于小枝的顶端；花较小，蝶形，花冠白色或乳白色，有时旗瓣稍带红紫色；荚果细长，呈稍压扁的串珠状，长 6～8 厘米，表面近无毛或密生白色柔毛，内含种子 3～5 粒；种子较小，黄绿色，卵球形，长约 4 毫米。

生长习性

喜光照充足的环境，耐寒，喜排水良好的土壤。常野生于海拔 2500 米以下的河谷、沙丘、山坡、路边、灌木丛中。

小贴士

白刺花是一种中药，其花、根、果、叶皆可入药，性凉，味苦，归肝、膀胱经，有清热解毒、去热除烦、理气消积、利水消肿等功效，可用于治疗痢疾、膀胱炎、衄血、尿血便血、水肿等症。花、根、果可内服，叶一般外用，捣敷。

总状花序疏花，着生于小枝顶端

花白色或乳白色，有时旗瓣稍带红紫色

豆科 *Leguminosae*

胡枝子

Lespedeza bicolor

别名：萩、胡枝条、扫皮、随军茶

科属：豆科胡枝子属

分布：我国东北、华北地区及山东、河南、陕西、浙江、福建等

花期

形态特征

　　直立灌木植物，株高 1～3 米。茎多分枝，小枝暗褐色或黄色，具有纵棱，被有疏毛；羽状复叶具有 3 小叶，小叶质地较薄，卵状长圆形、卵形或倒卵形，长 1.5～6 厘米，全缘；总状花序生于叶腋，常构成大型疏松的圆锥花序，总花梗较长；蝶形花红紫色，稀见白色，长约 1 厘米，旗瓣呈倒卵形，顶端稍缺，翼瓣较短，近长圆形，龙骨瓣与旗瓣约等长；荚果稍扁，呈斜倒卵形，长约 1 厘米，表面有网状纹路，密被短毛。

生长习性

　　耐旱、耐瘠薄、耐酸、耐盐碱，适应性极强。多生于海拔 150～1000 米的山坡、田边、野地、路旁、灌丛及林缘等处。

小贴士

　　胡枝子一身都是宝，有极高的经济价值。胡枝子的嫩枝叶可以作为绿肥和饲料，胡枝子的干燥枝条可作为天然的燃料。胡枝子枝叶茂盛、根系发达，有极佳的水土保持功能。此外，胡枝子还有极高的药用价值，其根、茎、花皆可入药。

羽状复叶具有 3 小叶，小叶卵形、倒卵形或卵状长圆形

蝶形小花红紫色，稀见白色

美丽胡枝子

Lespedeza formosa

花期

别名：毛胡枝子

科属：豆科胡枝子属

分布：山东、河南、陕西、甘肃、云南、贵州、广东、海南、台湾等

形态特征

直立灌木植物，高 1 ~ 2 米，全株略被疏柔毛。分枝较多，开展；羽状复叶具有 3 小叶，小叶长圆状椭圆形或长卵形，长 2.5 ~ 6 厘米，上面绿色，下面色稍淡，全缘，叶柄长 1 ~ 5 厘米；总状花序腋生或圆锥花序顶生，总花梗较长；钟状花萼五深裂，裂片长圆状披针形；小花蝶形，红紫色，旗瓣近圆形或长圆形，翼瓣倒卵状长圆形，龙骨瓣比旗瓣稍长；荚果较小，倒卵状长圆形或倒卵形，表面有网纹，被有疏毛。

生长习性

耐旱、耐高温、耐酸性土、耐土壤贫瘠，也较耐荫蔽，适应性较强。通常生于海拔 2800 米以下的向阳山坡、山谷、路旁灌丛中或林缘。

小贴士

美丽胡枝子一身都是宝：木材坚韧，纹理细致，可作为建筑及家具用材；种子含油量高，富含多种氨基酸、维生素和矿物质，是营养丰富的粮食和食用油资源；鲜嫩枝叶是一种中等叶类饲草，粗蛋白质含量较高，牛羊皆可食。

羽状复叶具有 3 小叶，长圆状椭圆形或长卵形

蝶形小花多数，红紫色

野豌豆

Vicia sepium

别名：马豌豆

科属：豆科野豌豆属

分布：我国西南、西北地区

花期
12 1 2 3 4 5 6 7 8 9 10 11

形态特征

多年生草本植物，株高 30 ~ 100 厘米。茎纤细柔弱，斜升或攀缘，茎上生有稀疏柔毛；偶数羽状复叶互生，具有小叶 5 ~ 7 对，长圆状披针形或长卵圆形，长 0.6 ~ 3 厘米，两面皆被疏毛，叶轴顶端生有发达的卷须；短总状花序腋生，具有小花 2 ~ 6 朵；蝶形花红色或淡紫色，稀为白色；荚果为宽扁的长圆柱状，长 2 ~ 4 厘米，先端有喙，稍弯曲，熟时为黑色，有光泽；种子扁圆形，5 ~ 7 粒，表皮有斑，种脐较长。

生长习性

喜光照，半耐寒，喜排水良好的土壤，环境适应性较强。多生于海拔 1000 ~ 2200 米的山坡、林下或草丛中。

小贴士

野豌豆古名"薇"，是一种优质牧草，亦可作为蔬菜供人食用，又因株形小巧秀美、花色艳丽，还可作为观赏花卉。另外，其种子含油，叶及花果可入药，味甘，性温，有补肾调经、祛痰止咳、消炎解毒的功效。

株高 30 ~ 100 厘米，茎纤细柔弱

偶数羽状复叶，叶轴顶端生有卷须

短总状花序腋生，蝶形花多为淡紫色

毛茛科
Ranunculaceae

毛茛科植物约有 50 属，2000 多种，在世界各大洲分布，但主要分布在北半球温带和寒温带地区。我国有 42 属，约 720 种，全国广泛分布，主产于西南部山地。

毛茛科植物为一年生或多年生草本，少有灌木或木质藤本。叶通常互生或基生，少数对生，单叶或复叶，通常掌状分裂，叶脉掌状，偶尔羽状；花单生或组成各种聚伞花序或总状花序；萼片下位，呈花瓣状，有颜色；花瓣存在或不存在，下位，常比萼片小得多，呈杯状、筒状、二唇状，基部常有囊状或筒状的距；果实为菁荚或瘦果，少数为蒴果或浆果。

比较常见的毛茛科野花主要来自以下几属：

毛茛属	毛茛属植物约有 600 种，我国有 78 种、9 变种。该属植物的花单生或成聚伞花序，花两性，花瓣多为 5 枚，黄色，基部有爪。
侧金盏花属	侧金盏花属植物约有 30 种，我国有 10 种。该属植物的花为黄色或红色，单生于枝顶，萼片 5 ~ 8 枚，有颜色，花瓣多数，常脱落，无蜜腺。
翠雀属	翠雀属植物共有 300 种，我国约有 110 种。该属植物的花序多为总状，有时为伞房状，花两性，两侧对称。
金莲花属	金莲花属植物约有 25 种，我国有 16 种。该属植物的花单独顶生或少数组成聚伞花序，萼片花瓣状，倒卵形，通常为黄色，花瓣多数，线形。
银莲花属	银莲花属植物约有 150 种，我国有 52 种。该属植物的花序为聚伞状或伞状，或者只有 1 朵花，萼片 5 枚至多枚，花瓣状，白色或蓝紫色，花瓣不存在。
驴蹄草属	驴蹄草属植物约有 20 种，我国有 4 种。该属植物的花单独顶生或多花组成简单或复杂的单歧聚伞花序，萼片花瓣状，黄色，稀有白色或红色，倒卵形或椭圆形，花瓣不存在。
耧斗菜属	耧斗菜属植物约有 70 种，我国有 13 种。该属植物的花序为单歧或二歧聚伞花序，萼片花瓣状，紫色、堇色、黄绿色或白色，花瓣与萼片同色或异色，距直或末端略弯。
唐松草属	唐松草属植物约有 200 种，我国有 67 种。该属植物的花序通常为单歧聚伞花序，花的数目很多时呈圆锥状，稀少呈总状。
铁线莲属	铁线莲属植物约有 300 种，我国有 108 种。该属植物的花两性，稀见单性，集成聚伞花序或总状、圆锥状聚伞花序，有时单生或数朵与叶簇生。
白头翁属	白头翁属植物约有 43 种，我国有 10 种。该属植物的花单生于花葶顶端，两性，萼片花瓣状，卵形、狭卵形或椭圆形，蓝紫色或黄色。
獐耳细辛属	獐耳细辛属植物有 7 种，我国有 2 种。该属植物的花单生于花葶顶端，萼片 5 ~ 10 枚或更多，花瓣状，狭倒卵形或长圆形。

唐松草

Thalictrum aquilegifolium

别名：草黄连、马尾连、黑汉子腿、紫花顿、土黄连

科属：毛茛科唐松草属

分布：浙江、山东、河北、山西、内蒙古、辽宁、吉林、黑龙江等

花期

形态特征

多年生草本植物，植株全部无毛，高60～150厘米。茎直立生长，较粗壮，直径可达1厘米，有分枝；基生叶通常在花期枯萎；茎生叶为三至四回三出复叶，长10～30厘米；小叶草质，顶生小叶扁圆形或倒卵形，长1.5～2.5厘米，三浅裂，裂片几乎全缘；圆锥花序伞房状，多花密集；萼片数枚，白色或外面略带紫色，长椭圆形，一般早落；雄蕊多数，花丝极长，长6～9毫米；瘦果较小，倒卵形，有3条宽纵翅，柱头宿存。

生长习性

喜阳光充足的环境，耐半阴，较耐寒，对土壤要求不严，适应性强。常生于海拔500～1800米的山地、林边、林下、草原等处。

小贴士

唐松草茎叶舒展，形状可爱，花小且密，花萼、花丝呈纷披状，饶有风姿。丛植于林下或点缀于岩石旁皆可，还可以做成盆栽。另外，唐松草的根含有小檗碱，可供药用，有解毒消肿、明目、止泻等作用。

圆锥花序伞房状，多花密集

雄蕊多数，花丝极长

鹅掌草

Anemone flaccida

别名：林荫银莲花

科属：毛茛科银莲花属

分布：云南、四川、贵州、湖北、湖南、江西、浙江、江苏、甘肃等

花期
1 2 3 4 5 6 7 8 9 10 11 12

形态特征

多年生草本植物，株高 15 ～ 40 厘米。叶薄草质，五角形，长 3.5 ～ 7.5 厘米，三全裂；中裂片菱形而三裂，侧裂片不等二深裂，叶柄长 10 ～ 28 厘米；花葶仅上部疏被柔毛；苞片无柄，菱形或菱状三角形，三深裂；花梗 2 ～ 3 枝，长 4.2 ～ 7.5 厘米，被有疏柔毛；白色萼片 5 枚，花瓣状，椭圆形或倒卵形，长 7 ～ 10 毫米，外被疏柔毛；雄蕊较长，花药椭圆形，花丝丝形；根状茎斜生，近圆柱形，直径 5 ～ 10 毫米，具有多节。

生长习性

喜阳光充足、凉爽潮润的环境，较耐寒，忌高温多湿，宜湿润且排水良好的肥沃土壤。常生于海拔 1000 ～ 3000 米的山谷、草地或林下。

小贴士

鹅掌草叶形小巧雅致，青翠逼人，花姿纤弱柔美，具有一定的观赏价值，可用于布置花坛、花境，也可丛植或片植于草坪边缘或疏林下。另外，鹅掌草还可入药，对体外癌细胞有不同程度的抑制作用，具有抗肿瘤作用。

花梗 2 ～ 3 枝，长 4.2 ～ 7.5 厘米，被有疏柔毛

白色萼片 5 枚，花瓣状

绣球藤

Clematis montana

别名：三角枫、淮木通、柴木通

科属：毛茛科铁线莲属

分布：西藏、云南、四川、甘肃、陕西、河南、湖南、广西、台湾

花期 12 1 2 3 4 5 6 7 8 9 10 11

形态特征

木质藤本植物。茎细长圆柱形，极长，具有纵条纹；小枝初具短柔毛，后来变成无毛；三出复叶，常与花簇生或对生，小叶呈椭圆形、卵形或宽卵形，长 2 ~ 7 厘米，边缘具有粗钝齿，两面疏生短柔毛；花常数朵与叶簇生，花冠中等大，直径 3 ~ 5 厘米；萼片 4 枚，倒卵形或长圆状倒卵形，先端圆钝或平截，开展，长 1.5 ~ 2.5 厘米，白色或略带淡红色，外被疏短毛而内面无毛；瘦果小而扁，一般为卵圆形或卵形，无被毛。

生长习性

喜光照，但不耐暑热强光，耐寒、耐旱，不耐水渍。常野生于海拔 2400 ~ 3500 米的山坡、山谷、灌丛、林边或沟旁。

小贴士

绣球藤的干燥藤茎可入药，称为"川木通"，有利水通淋、活血通经、促进消化、通关顺气的功效。此外，绣球藤绿叶滴翠，花色清雅，茎枝纤细绵长，善于攀缘他物，有很高的观赏价值，可用于美化庭院或布置花境。

萼片 4 枚，倒卵形或长圆状倒卵形

萼片花瓣状，白色或略带淡红色

獐耳细辛

Hepatica nobilis

别名：雪割草、幼肺三七、三角草、沙洲草

科属：毛茛科獐耳细辛属

分布：辽宁、安徽、浙江、河南等

花期 12 1 2 3 4 5 6 7 8 9 10 11

形态特征

多年生草本植物，植株较矮小，高 8 ~ 18 厘米。叶三角状宽卵形，长 2.5 ~ 6.5 厘米，三中裂，裂片宽卵形，全缘，叶柄较长；花葶数枝，细长，直立，被有长柔毛；花两性，单生于花葶顶端；苞片3 枚，椭圆状卵形或卵形，背面略被长柔毛；花瓣状萼片 6 枚或更多，长圆形，顶端略钝，淡紫色或粉红色；雄蕊多数，花丝狭线形，花药椭圆形；瘦果较小，卵球形，被有长柔毛，花柱宿存；根状茎密生须根，较粗短。

生长习性

喜凉爽湿润的半阴环境，耐寒、耐旱。常野生于海拔 1000 米以上的林荫下、溪水旁、草坡、石下等较阴湿处。

小贴士

獐耳细辛根茎可入药，一般于春季、秋季采挖，洗净后切碎、晒干。该药性平，味苦，归肺、肾、心、肝经，有祛风活血、杀虫止痒的功效，主要用于治疗筋骨酸痛、癣疮、头疮等症。需要注意的是，该药有小毒，用药需谨慎。

叶三角状宽卵形，三裂至中部

花单生于花葶顶端，淡紫色或粉红色

白头翁

Pulsatilla chinensis

别名：奈何草、粉乳草、白头草、老姑草

科属：毛茛科白头翁属

分布：吉林、辽宁、河北、山东、河南、山西、陕西、黑龙江

花期 12 1 2 3 4 5 6 7 8 9 10 11

形态特征

多年生宿根草本植物，株高 15～35 厘米。基生叶数枚，常于开花时才生出，柄较长；茎叶宽卵形，长 4.5～14 厘米，三全裂，背面密生长柔毛，叶柄极长；中全裂片宽卵形，三深裂，侧全裂片不等，三深裂；花葶细长，有柔毛；苞片 3 枚，三深裂，深裂片线形，背面密被长柔毛；花直立，萼片花瓣状，蓝紫色，长圆状卵形，长 2.8～4.4 厘米，外面密被柔毛；聚合果直径为 9～12 厘米，瘦果为压扁的纺锤形，具有宿存花柱。

生长习性

喜凉爽干燥的气候，耐寒、耐旱，不耐高温，宜土层深厚、排水良好的砂质壤土。常野生于平原和低山地区的山坡草丛、林缘或荒坡地。

小贴士

白头翁花冠呈浅钟形，全株被毛，十分奇特，极具观赏价值，可在园林中自然栽植，用于布置花坛、道路或点缀林间空地，是理想的地被植物品种。另外，白头翁对酸雨十分敏感，酸雨降临时会很快死亡，所以它还具有检测环境污染程度的作用。

花直立，单生于花葶顶端

萼片花瓣状，蓝紫色

毛茛

Ranunculus japonicus

花期

12 1 2 3 4 5 6 7 8 9 10 11

别名: 鱼疗草、鸭脚板、野芹菜、山辣椒、毛芹菜、起泡菜、烂肺草

科属: 毛茛科毛茛属

分布: 除西藏外的我国各地

形态特征

多年生草本植物,株高 30 ~ 70 厘米,茎、枝、叶柄、花梗等皆被柔毛。茎直立生长,中空,具有凹槽;基生叶多数,叶片五角形或圆心形,通常三深裂不达基部,裂片再三裂,边缘有粗齿或缺刻,叶柄长达 15 厘米;茎下部叶与基生叶相似而较小,最上部的叶为线形,全缘,无柄;聚伞花序较疏散,具有多花,花梗长达 8 厘米;花黄色,花瓣 5 枚,倒卵状圆形,基部有爪;瘦果较小,扁平,边缘有棱,喙短直或外弯;须根多数簇生。

生长习性

喜温暖湿润、光照适量的气候,不耐旱。多野生于海拔 200 ~ 2500 米的湿地、河岸边及路边阴湿的草丛中。

小贴士

毛茛全株有毒,所含毒素为白头翁素、原白头翁素,对人和动物均有毒性。原白头翁素气味辛辣,对皮肤和黏膜有强烈的刺激性,与皮肤接触可引起炎症及水泡,内服可引起剧烈的胃肠炎。

花黄色,花瓣 5 枚,倒卵状圆形

叶通常三深裂不达基部,裂片再三裂

石龙芮

Ranunculus sceleratus

别名：黄花菜、水堇、姜苔

科属：毛茛科毛茛属

分布：我国各地

形态特征

一年生草本植物，株高 10 ～ 50 厘米。茎直立生长，通常较纤细，直径 2 ～ 5 毫米，但有时粗达 1 厘米，上部多分枝，疏被柔毛或无毛；基生叶多数，柄较长，肾状圆形，三深裂，裂片倒卵状楔形，无毛；茎生叶与基生叶相似而较小，三全裂，裂片披针形至线形，全缘，无柄；聚伞花序有多数花，花较小；花冠淡黄色，花瓣 5 枚，倒卵形，基部有短爪；极多数瘦果紧密排列，组成长圆形的聚合果，无毛。

生长习性

喜热带、亚热带温暖潮湿的气候，忌土壤干旱。常野生于平原湿地、水田边、溪边、河沟边等潮湿地区，甚至生于水中。

小贴士

石龙芮全草可入药，一般在 5 月左右采收，洗净后鲜用或阴干备用。该药性寒，味苦、辛，归心、肺经，有清热解毒、消肿散结、止痛、截疟等功效。因为本药品有小毒，所以内服时需谨慎，控制好服用量。

茎生叶三全裂，裂片披针形至线形

花冠淡黄色，花瓣 5 枚，倒卵形

侧金盏花

Adonis amurensis

别名：金盅花、冰了花、冰凌花、冰凉花、冰里花、冰溜花

科属：毛茛科侧金盏花属

分布：辽宁、吉林及黑龙江东部

花期

12	1
11	2
10	3
9	4
8	5
7	6

形态特征

多年生草本植物。茎在开花时高 5 ~ 15 厘米，之后会更高，无毛或顶部疏被短柔毛，分枝或不分枝；茎下部叶为正三角形，长达 7.5 厘米，二至三回细裂，末回裂片披针形或狭卵形，叶柄较长；花先于叶而发，头状花序，直径 2.8 ~ 3.5 厘米；萼片常带淡灰紫色，约 9 枚，长圆状卵形或倒卵形；花瓣黄色，约 10 枚，狭倒卵形或倒卵状长圆形，长 1.4 ~ 2 厘米；瘦果较小，倒卵球形，花柱宿存；根状茎短且粗，有多数须根。

生长习性

喜半阴的湿润环境，极耐寒，宜生于富含腐殖质的湿润土壤。常野生于山坡或山脚的灌木丛间、阔叶林下和林缘地上。

小贴士

侧金盏花植株矮小，但花比较大且花色鲜艳，又极耐寒，可以顶着冰雪开花，有"林海雪莲""傲春寒"的美称。另外，侧金盏花全草都含有强心苷和非强心苷的多种成分，具有强心、利尿、镇静和减慢心率的功效。

茎在开花时高 5 ~ 15 厘米，之后会更高

花瓣黄色，狭倒卵形或倒卵状长圆形

翠雀

Delphinium grandiflorum

别名：飞燕草、鸽子花

科属：毛茛科翠雀属

分布：云南、山西、河北、宁夏、四川等

花期

12 1 2 3 4 5 6 7 8 9 10 11

形态特征

多年生草本植物，株高 35 ~ 65 厘米。茎枝、叶柄均被有贴伏的短柔毛，叶等距分布，多分枝；叶柄较长，叶片圆五角形，长 2.2 ~ 6 厘米，三全裂；中裂片近菱形，一至二回三裂，末回裂片线形或线状披针形；侧裂片扇形，不等二深裂，两面被有疏毛或近无毛；总状花序多花，花梗长 1.5 ~ 4 厘米；萼片紫蓝色，距较长，钻形，末端稍弯或笔直；花瓣蓝色或蓝紫色，宽倒卵形或近圆形；蓇葖果不大，通常直立；种子较小，具有翅。

生长习性

喜冷凉气候，耐旱、耐半阴、耐寒，忌炎热，适应性较强，易生长。常野生于海拔 500 ~ 2800 米的山地或丘陵的草坡、固定沙丘、砂地等处。

小贴士

翠雀属植物的花大多为蓝紫色或淡紫色，而且有长距飞翘，远看像一群飞燕落满枝头，故而又名"飞燕草"，是珍贵的蓝色花卉之一，极具观赏价值，深受人们喜爱，被广泛应用于庭院绿化、盆栽观赏和切花生产。

距较长，钻形，花瓣蓝色或蓝紫色

总状花序具有多花

还亮草

Delphinium anthriscifolium

花期

11	12	1
10		2
9		3
8		4
7	6	5

别名： 还魂草

科属： 毛茛科翠雀属

分布： 广东、广西、贵州、湖南、福建、浙江、江苏、安徽、山西等

形态特征

　　一年生或二年生草本植物。茎高 30 ～ 78 厘米，无毛或仅上部疏被短柔毛，茎上叶片等距排布，有分枝；叶片轮廓呈三角状卵形或菱状卵形，长 5 ～ 11 厘米，为二至三回近羽状复叶，偶尔为三出复叶，羽片 2 ～ 4 对，常对生，末回裂片披针形或狭卵形；总状花序具有花 2 ～ 15 朵，花梗被有短柔毛；萼片花瓣状，紫色或淡紫色，椭圆形至长圆形，距为钻形或圆锥状钻形；花瓣紫色，无毛；蓇葖果长 1 ～ 1.6 厘米，种子扁球形。

生长习性

　　喜阳光充足的凉爽气候，耐寒、耐旱，忌高温、忌渍水，宜生于深厚肥沃的砂质壤土中。常生于海拔 200 ～ 1200 米的山坡草丛或溪边草地。

小贴士

　　还亮草植株高矮适中，叶片清雅秀美，花朵造型特异，花色典雅大方，极具观赏价值，宜布置花坛、花境或造景，被广泛运用于园林设计中。此外，还亮草全草可入药，性温，味辛，有小毒，具有祛风除湿、止痛活络的功效。

距为钻形或圆锥状钻形

萼片花瓣状，紫色或淡紫色

金莲花

Trollius chinensis

花期

12 1 2 3 4 5 6 7 8 9 10 11

别名：旱荷、寒荷、寒金莲、旱莲花、金梅草、金疙瘩

科属：毛茛科金莲花属

分布：我国东北、西北地区及河北、河南、山西、内蒙古等

形态特征

多年生直立草本植物，植株全体无毛。茎高 30 ～ 70 厘米，不分枝；基生叶五角形，三全裂，叶柄较长，基部生有狭鞘；茎生叶互生，与基生叶形状相似，叶缘生有锐锯齿，叶柄长或短或无；花通常单生于顶，也有的 2 ～ 3 朵组成稀疏的聚伞花序，直径 4.5 厘米左右；萼片多数，花瓣状；花瓣橙黄色，多数，线形，与萼片近等长或稍长于萼片；种子较小，近似倒卵球形，具有 4 ～ 5 个棱角，黑色且光滑；须根长可达 7 厘米。

生长习性

喜温暖湿润、阳光充足的环境，耐寒，忌水涝，宜生于肥沃且排水良好的土壤中。多生于海拔 1800 米以上的高山草甸或疏林中。

小贴士

金莲花的新鲜花蕾洗净后可代茶饮，冲泡后不仅茶色清亮，还有淡淡的香味，也可煮粥食用，有消炎止渴、清喉利咽、活血养颜的功效。但金莲花是有一定药性的，味苦，性寒，所以用量不宜过多。金莲花花美色艳，也是一种很好的观赏花卉。

花冠橙色，通常单独顶生

萼片花瓣状，花瓣线形

银莲花

Anemone cathayensis

别名：华北银莲花、毛蕊茛莲花、毛蕊银莲花

科属：毛茛科银莲花属

分布：山西、河北

花期

12	1
11	2
10	3
9	4
8	5
7	6

形态特征

多年生草本植物，株高15～40厘米。基生叶一般4～8枚，叶柄较长，叶片多为圆肾形，稀有卵圆形，长2～5.5厘米，三全裂，中裂片菱状倒卵形或宽菱形，三中裂，裂片再浅裂，末回裂片卵形或狭卵形；花葶2～6支，比较细长，高17～40厘米，伞形花序疏花；萼片花瓣状，5～6片，白色或略带粉红色，狭倒卵形或倒卵形；无花瓣；瘦果较小，扁平的宽椭圆形或扁圆形，长约5毫米；根状茎长4～6厘米。

生长习性

喜阳光充足、凉爽潮润的环境，较耐寒，忌高温多湿，喜湿润、排水良好的肥沃土壤。常生于海拔1000～2600米的山谷沟边或山坡草地。

小贴士

由于银莲花的花大而艳丽，所以被广泛用于室内及庭院装饰，是花卉交易市场上的大宗商品。另外，银莲花作为一种传统药物，具有抗肿瘤、抗惊厥、镇痛等作用，而且银莲花的乙醇提取物具有较强的抗炎效果。

萼片花瓣状，5～6片，白色或略带粉红色

株高15～40厘米，叶片多回分裂

野棉花

Anemone vitifolia

别名：无

科属：毛茛科银莲花属

分布：云南、四川西南部、西藏东南部和南部

花期

形态特征

多年生草本植物，株高 60 ~ 100 厘米。叶心状宽卵形或心状卵形，常三浅裂，长 11 ~ 22 厘米，叶缘密生小齿，上表面疏被短糙毛，下表面密被白色短绒毛，叶柄极长；花葶极长且粗壮，密生或疏生柔毛；聚伞花序较大型，二至四回分枝，长 20 ~ 60 厘米；萼片花瓣状，5 枚，白色或带粉红色，倒卵形；聚合果棕褐色，近球形，直径约 1.5 厘米；瘦果极小，有细柄，密被白色绵毛；根状茎木质，细圆柱状，粗 0.8 ~ 1.5 厘米。

生长习性

喜日光充足的温暖气候，也耐寒，忌炎热和干燥，宜生于富含腐殖质且稍带黏性的土壤中。常生于山坡、草地、疏林中的沟边。

小贴士

野棉花的根可以入药，性寒，味苦、辛，有小毒，具有祛湿除热、解毒杀虫、止咳止血、理气散瘀等功效。现代药理研究表明，该药还具有抗肿瘤、抗炎、抗菌、镇痛镇静、抗惊厥、抗氧化等作用。

叶心状宽卵形或心状卵形，常三浅裂

萼片花瓣状，白色或带粉红色，倒卵形

聚合果棕褐色，近球形

打破碗花花

Anemone hupehensis

别名：湖北秋牡丹、大头翁、山棉花、秋芍药

科属：毛茛科银莲花属

分布：陕西、甘肃、浙江、江西、湖北、广东等

花期

12 1 2 3 4 5 6 7 8 9 10 11

形态特征

多年生草本植物，株高 20 ~ 120 厘米。叶通常为三出复叶，柄较长；中央小叶宽卵形或卵形，长 4 ~ 11 厘米，不分裂或三至五浅裂，裂片边缘具有齿，两面被有疏糙毛；侧生小叶同形而较小；花葶细长，疏被柔毛；聚伞花序具有多数花，花梗长 3 ~ 10 厘米，倒卵形萼片 5 ~ 6 枚，长 2 ~ 3 厘米，粉红色或紫红色，外被短绒毛；聚合果近似球形，直径约 1.5 厘米；瘦果较小，密被绵毛，有细柄；根状茎斜生或垂直，长约 10 厘米。

生长习性

喜日光充足的温暖气候，也耐寒，忌炎热和干燥。常野生于海拔 400 ~ 1800 米的低山地区、丘陵的沟边、草坡或路旁。

小贴士

打破碗花花与大火草、野棉花极为相近，主要区别在于打破碗花花的叶的分裂程度变异很大，或者全部为三出复叶，或者同时有三出复叶和单叶，或者全部为单叶。为三出复叶时，与大火草更为相似；为单叶时，则与野棉花更为相似。

聚伞花序具有多数花，花梗长 3 ~ 10 厘米

倒卵形萼片 5 ~ 6 枚，粉红色或紫红色

驴蹄草

Caltha palustris

花期

别名：马蹄叶、马蹄草、立金花、沼泽金盏花

科属：毛茛科驴蹄草属

分布：黑龙江、四川、陕西、山西、河北、内蒙古、新疆等

形态特征

多年生草本植物，全株无被毛，高 20～48 厘米。茎稍粗壮，实心，绿色，具有细纵纹，中部以上多分枝；基生叶 3～7 枚，圆肾形或心形，长 2.5～5 厘米，叶缘密生三角小齿，叶柄较长；茎生叶自下向上渐小，三角状心形或圆肾形；单歧聚伞花序生于茎或分枝顶部，由 2 朵花组成；萼片花瓣状，黄色，5 枚，狭倒卵形或倒卵形；无花瓣；蓇葖果长约 1 厘米，有喙；种子较小，黑色，狭卵球形；有多数肉质须根。

生长习性

喜半阴的湿润环境，能耐寒，适应性较强。常生于海拔 600～4000 米的山中的溪谷边、湿草甸、荒草坡或林下较阴湿处。

小贴士

驴蹄草全草可入药，一般夏季和秋季采集，洗净后鲜用或晒干。该药性凉，味辛、微苦，有小毒，归脾、肺经，有驱风解暑、活血消肿等功效。现代药理研究表明，驴蹄草还具有降血压、降胆固醇、抗炎等作用。

叶圆肾形、心形或三角状心形

萼片花瓣状，黄色，狭倒卵形或倒卵形

耧斗菜

Aquilegia viridiflora

别名：猫爪花

科属：毛茛科耧斗菜属

分布：我国东北、华北地区及陕西、宁夏、甘肃、青海等

花期

	12	1	
11			2
10			3
9			4
8			5
	7	6	

形态特征

多年生草本植物。茎直立，高 15～50 厘米，常在上部分枝，被有柔毛并密被腺毛；基生叶柄极长，基部鞘状，为二回三出复叶，宽 4～10 厘米，表面绿色，背面淡绿色至粉绿色；茎生叶数枚，自下向上渐小，一至二回三出复叶；花一般 3～7 朵，倾斜或微下垂；萼片较大，与花瓣同色且同数，交错排列；距较长，伸直或微弯；蓇葖长 1.5 厘米，种子较小，黑色，狭倒卵形；根圆柱形，较粗大，外皮黑褐色。

生长习性

喜凉爽湿润的气候，耐寒，忌高温曝晒，宜生于富含腐殖质、排水良好的砂质壤土中。常生于海拔 200～2300 米的湿润草地上、山路旁或河边。

小贴士

耧斗菜娇小玲珑，叶奇花美，环境适应性强，是一种优良的庭院花卉，可用于布置花坛、花径等，也可成片植于草坪上或密林下。该植物还可入药，有活血散瘀、止痛止血等功效，可用于治疗跌打损伤、外伤出血等症。

萼片较大，与花瓣同色且同数，交错排列

花一般倾斜或微下垂

兰科
Orchidaceae

兰科是单子叶植物纲中一个庞大而复杂的科，约有 700 属，20000 种，分布于全球热带地区和亚热带地区，少数种类也见于温带地区。我国有 171 属，1247 种以及许多亚种、变种和变型，以云南、台湾、海南、广东、广西等省、自治区的种类最多。

兰科植物多为常见的地生、附生或腐生草本，极少为攀缘藤本，地生与腐生类常有肥厚的块茎或根状茎，附生类则有茎基部膨大而成的肉质假鳞茎。叶基生或茎生，扁平、圆柱形或两侧压扁；花常排列成总状花序或圆锥花序，顶生或侧生；花两性，通常两侧对称；花被片 6 枚，二轮排列；中央一枚花瓣的形态常有较大的区别，明显不同于 2 枚侧生花瓣，称唇瓣；果实通常为蒴果，较少呈荚果状，具有极多细小的种子。

比较常见的兰科野花主要来自以下几属：

绶草属	绶草属植物约有 50 种，我国有 1 种。该属植物为顶生的总状花序，具有多数密生的小花，似穗状，呈螺旋状扭转。
兰属	兰属植物约有 48 种，我国有 29 种。该属植物为总状花序，具有多花，甚至减退为单花。
手参属	手参属植物约有 10 种，我国有 5 种。该属植物为顶生的总状花序，小花密集，红色、紫红色或白色，罕为淡黄绿色。
杓兰属	杓兰属植物约有 50 种，我国有 32 种。该属植物的花形特异，极美丽。
鹤顶兰属	鹤顶兰属植物约有 40 种，我国有 8 种。该属植物为总状花序，疏花或密花，花通常大而美丽。
头蕊兰属	头蕊兰属植物约有 16 种，我国有 9 种。该属植物为顶生的总状花序，花两侧对称，近直立或斜展。
石斛属	石斛属植物约有 1000 种，我国有 74 种、2 变种。该属植物为总状花序或伞形花序，直立、斜出或下垂，具有花数朵或仅一朵。
竹叶兰属	竹叶兰属植物有 1～2 种。该属植物的花序顶生，疏花，花大，花瓣明显宽于萼片。
白及属	白及属植物约有 6 种，我国有 4 种。该属植物为顶生的总状花序，花紫红色、粉红色、黄色或白色。
兜兰属	兜兰属植物约有 50 种，我国有 18 种。该属植物的花大而艳丽，花色丰富，花瓣形状变化较大，匙形、长圆形至带形，唇瓣深囊状。
虾脊兰属	虾脊兰属植物约有 150 种，我国有 49 种、5 变种。该属植物的总状花序具有数花，花通常张开，小至中等大，花瓣比萼片小，唇瓣常比萼片大且短。

白及

Bletilla striata

别名：连及草、甘根、白给、箬兰、朱兰、紫兰、紫蕙

科属：兰科白及属

分布：我国长江流域各省、自治区、直辖市

兰科 *Orchidaceae*

形态特征

多年生球根草本植物。叶 4 ~ 6 枚，披针形或狭长圆形，长 8 ~ 29 厘米，先端渐尖，基部鞘状抱茎；花序疏花，一般不分枝，花序轴略呈"之"字形；花苞片常于开花时凋落，长圆状披针形；花冠较大，萼片和花瓣近等长，花瓣较萼片稍宽；唇瓣较萼片和花瓣稍短，倒卵状椭圆形，长 2.3 ~ 2.8 厘米，白色或淡红色，具有紫色脉，唇盘上面具有 5 条纵褶片；初生假鳞茎呈圆球形，渐长成 V 形块状假鳞茎。

生长习性

喜温暖、阴湿的环境，稍耐寒，忌强光直射，宜生于排水良好、富含腐殖质的砂质壤土中。常野生于海拔 100 ~ 3200 米的常绿阔叶林或针叶林下，较湿润的石壁、苔藓层中也可见到。

小贴士

白及的花清雅可爱，常见的有紫红色、白色、蓝色、黄色和粉色等，有一定的美化环境的作用，可制成盆栽室内观赏，也可点缀于较为荫蔽的花台、花境或庭院一角。另外，白及还有广泛的药用价值，主要用于收敛止血、消肿生肌。

叶披针形或狭长圆形，全缘，叶脉显著

花冠较大，白色或淡红色

带叶兜兰

Paphiopedilum hirsutissimum

别名：无

科属：兰科兜兰属

分布：广西西部至北部、贵州西南部和云南东南部

花期

12 1 2 3 4 5 6 7 8 9 10 11

形态特征

地生或半附生植物。叶基生，5 ~ 6 枚，排成两列；革质叶条带形，长 16 ~ 45 厘米，上面比背面颜色稍深，背面疏生紫色斑点且中脉明显突起，无毛；单花顶生于直立的花葶，花葶长 20 ~ 30 厘米，一般呈绿色，被有深紫色长柔毛；花苞片宽卵形，背面和边缘具有长毛；花较大，萼片和唇瓣淡绿黄色，密生紫褐色斑点；花瓣下半部为黄绿色且有浓密的紫褐色斑点，上半部为玫瑰紫色并有白色晕纹。

生长习性

喜凉爽气候，宜生于湿润且排水良好的土壤中，忌涝渍。常野生于海拔 700 ~ 1500 米的林下或林缘岩石缝中，多石、湿润的土壤中也可见到。

小贴士

带叶兜兰的花比较雅致，色彩沉静庄重，花瓣比较厚实，花期也比较长，属于观赏类花草。兰科植物娇弱，往往不易栽培，兜兰尤其如此。养植兜兰时，除了做好水、土、肥三方面的基本养护，还需要做好各种细菌性和真菌性病害的防治工作。

叶基生，革质，条带形，长 16 ~ 45 厘米

花较大，单生于花葶顶端

虾脊兰

Calanthe discolor

别名：海老根

科属：兰科虾脊兰属

分布：浙江、江苏、福建、湖北、广东、贵州等

花期 4、5

形态特征

　　地生草本植物。假茎长 6 ～ 10 厘米，较粗壮；叶深绿色，椭圆状长圆形或倒卵状长圆形，可长达 25 厘米，叶背面密被短毛，基部收狭为长柄；花葶较长，从上端叶丛间抽出，密被短毛；总状花序顶生，疏生约 10 朵花，长 6 ～ 8 厘米；萼片褐紫色，花瓣颜色多样，倒披针形或近长圆形，先端钝，基部狭，具有 3 条脉；唇瓣白色，扇形，三深裂；距圆筒形，直或稍弯，末端较狭；假鳞茎粗短，近圆锥形。

生长习性

　　喜温暖湿润和阳光充足的环境，较耐寒，耐半阴，不耐干旱和高温，夏季宜凉爽。常野生于海拔 780 ～ 1500 米的常绿阔叶林下。

小贴士

　　虾脊兰株形小巧，花形奇特，花色繁多，品种多样，是难得的观赏类花卉。其小型品种适合盆栽观赏，宿根大型品种适合露地栽培，既能用来装饰居室，也能用来美化庭院，同时还是切花的好材料，再加上其药用功效，可谓一物多用。

叶较大，椭圆状长圆形或倒卵状长圆形

总状花序顶生，长 6 ～ 8 厘米

绶草
Spiranthes sinensis

别名：无

科属：兰科绶草属

分布：我国各地

花期

形态特征

低矮细弱草本植物，株高 13 ~ 30 厘米。茎比较短，近基部生有 2 ~ 5 枚叶；叶片碧绿，直立伸展，宽线状披针形或宽线形，稀为狭长圆形，长 3 ~ 10 厘米，基部鞘状抱茎；花茎较长，总状花序具有多花，呈螺旋状扭转排列；花较小，紫红色、粉红色或白色，花瓣斜菱状长圆形；唇瓣宽长圆形，基部凹陷呈浅囊状，先端极钝，边缘具有皱波状啮齿且具有长硬毛；肉质根数条，指状，簇生于茎基部。

生长习性

喜半阴，喜排水良好的土壤。常野生于海拔 200 ~ 3400 米的山坡林下、灌丛下、草地或河滩沼泽地及草甸中。

小贴士

绶草分布范围较广，其植株在大小、叶形、花色和花茎上部是否被毛常因地而异，辨别时需加以注意。其根和全草可入药，称为"盘龙参"，性平，味甘、淡，有凉血解毒、滋阴益气、固肾涩精等功效。

花茎较长，总状花序具有多花，呈螺旋状扭转排列

花较小，紫红色、粉红色或白色

报春石斛

Dendrobium primulinum

别名：无

科属：兰科石斛属

分布：我国云南东南部至西南部

花期

形态特征

　　气根性草本植物。茎厚肉质，常下垂，细圆柱形，一般长 20 ~ 35 厘米，不分枝，具有多节；纸质叶两列，在整个茎上互生，卵状披针形或披针形，长 8 ~ 10.5 厘米，基部有叶鞘，纸质或膜质；总状花序的花较少，通常 1 ~ 3 朵；花苞片膜质，卵形，浅白色；花较开展，常下垂，花瓣淡粉色，狭长圆形，长 3 厘米，具有 3 ~ 5 条脉，全缘；唇瓣淡黄色，先端略带淡粉色，呈宽倒卵形，边缘具有不规则细齿，唇盘具有紫红色脉纹。

生长习性

　　喜温暖潮湿、半阴半阳的环境，对土肥要求不严格。常野生于海拔 700 ~ 1800 米的山地疏林中疏松且厚的树皮或树干上，有的长于石缝中。

小贴士

　　报春石斛花姿优雅，花色鲜艳，馨香馥郁，玲珑可爱，观赏价值极高。而且报春石斛有着极强的生命力，其花朵剪下 2 ~ 3 天也不凋萎，实在令人赞叹。故而现在被广泛用于开幕式剪彩典礼、大型宴会布置或招待贵宾。

总状花序的花较少，花较开展，常下垂

花瓣淡粉色，唇瓣淡黄色

鹤顶兰

Phaius tankervilleae

别名：无

科属：兰科鹤顶兰属

分布：台湾、福建、广东、香港、海南、广西、云南和西藏东南部

花期：3、4、5、6

形态特征

　　株型高大。假鳞茎呈圆锥形，长 6 厘米或更长，基部 6 厘米粗，被鞘；叶 2～6 枚，在假鳞茎的上部互生，椭圆状披针形，长可达 70 厘米，无被毛，基部有极长的柄；花葶从假鳞茎基部或叶腋发出，直立向上，细圆柱形，长可达 1 米；总状花序具有多花，花较大；花瓣长圆形，具有 7 脉，背面白色，内面暗赭色或棕色，无毛；唇瓣贴生于蕊柱基部，外面白色带茄紫色的前端，内面茄紫色带白色条纹，唇盘密被短毛。

生长习性

　　喜光照充足、温暖湿润、半荫蔽的环境，稍耐寒，不耐旱，忌瘠薄。常野生于海拔 700～1800 米的沟谷、林下或溪岸边较阴湿的地方。

小贴士

　　鹤顶兰属植物约有 50 种，它们大多为地生兰，株型较大，叶片和花序也很大，其花瓣和管状唇瓣非常有特色，极具观赏价值。而且鹤顶兰花期比较长，芳香四溢，是深受人们喜爱的室内盆栽花卉。

花瓣长圆形，背面白色，内面暗赭色或棕色

唇瓣管状，贴生于蕊柱基部

竹叶兰

Arundina graminifolia

别名：莩草兰、鸟仔兰

科属：兰科竹叶兰属

分布：浙江、福建、台湾、湖南、广东、海南、广西、四川和西藏等

花期

12	1
11	2
10	3
9	4
8	5
7	6

形态特征

　　地生兰，株高 40 ~ 80 厘米或更高。地下根状茎常在茎基部膨大呈卵球形，直径 1 ~ 2 厘米，具有多数纤维根；茎直立，细圆柱形，丛生或成片生长，具有多枚叶；叶坚纸质或薄革质，多为线状披针形，长 8 ~ 20 厘米，基部鞘状抱茎；总状或圆锥状花序，长 2 ~ 8 厘米，具有 2 ~ 10 朵花，但每次仅开一朵花；花粉红色，有时略带紫色或白色，花瓣长圆状卵形或长圆形，唇瓣近长圆状卵形，三裂，唇盘上有数条褶片。

生长习性

　　喜阴凉湿润的环境，不耐寒，忌干燥、忌阳光直射。常野生于海拔 400 ~ 2800 米的草地、灌丛中、林下或溪谷旁。

小贴士

　　1825 年，大卫·唐根据从尼泊尔采集的植物标本首先对竹叶兰进行了描述，这是关于竹叶兰的最早记述。同年，卡尔·布卢姆创立了竹叶兰属。竹叶兰的花与卡特兰很像，花色鲜艳，香味怡人，但花期不长，一般为 3 天左右。

叶坚纸质或薄革质，多为线状披针形

花瓣粉红色，唇瓣常紫色或紫红色

头蕊兰

Cephalanthera longifolia

别名： 长叶头蕊兰

科属： 兰科头蕊兰属

分布： 山西、陕西、甘肃、河南、湖北、云南和西藏等地的局部地区

花期

12 1 2 3 4 5 6 7 8 9 10 11

形态特征

地生草本植物，株高 20 ~ 47 厘米。茎直立生长，下部具有 3 ~ 5 枚鞘、4 ~ 7 枚叶；叶片为披针形、宽披针形或长圆状披针形，长 2.5 ~ 13 厘米，基部抱茎；总状花序顶生，具有 2 ~ 13 朵花，长 1.5 ~ 6 厘米，花苞片线状披针形至较狭三角形，但最底部 1 ~ 2 枚呈叶状；花不大，白色，略开放或不开放；花瓣近倒卵形，长不足 1 厘米，唇瓣三裂且基部具有囊，囊短而钝，包于侧萼片基部之内；蒴果小，椭圆形，长 1.7 ~ 2 厘米。

生长习性

喜阴凉湿润的环境，不耐寒，忌干燥、忌阳光直射。常野生于海拔 1000 ~ 3300 米的灌丛中、沟边、林下或草丛中。

小贴士

头蕊兰株形优美，清香远播，虽山林幽谷有野生，但也有许多人工栽培的品种。如果想要头蕊兰长得好，需勤加护理，尤其要注意温度、湿度的控制，保持空气清洁、流通，合理施肥，并做好病虫害防治。

叶披针形或长圆状披针形，基部抱茎

总状花序顶生，花白色

金兰

Cephalanthera falcata

别名：无

科属：兰科头蕊兰属

分布：我国西南地区及甘肃、江苏、浙江、安徽、湖北、湖南等

花期 12 1 2 3 4 5 6 7 8 9 10 11

形态特征

地生草本植物，植株较矮小，高20～50厘米。茎直立生长，下部有3～5枚鞘；叶互生，通常4～7枚，椭圆状披针形、卵状披针形或椭圆形，长5～11厘米，基部抱茎；总状花序顶生，通常具有花5～10朵，长3～8厘米；花冠亮黄色，直立，微张开；萼片菱状椭圆形，花瓣与萼片相似但较短，唇瓣三裂，基部有距；距呈圆锥形，长约3毫米，明显伸出侧萼片基部之外；蒴果极狭椭圆状，长2～2.5厘米。

生长习性

喜阴凉、湿润且空气流通的环境，忌阳光直射、忌干燥。常野生于海拔700～1600米的深山谷壁、溪边峭壁、灌丛中、花木稀疏的草地上或沟谷旁。

小贴士

金兰全草可入药，一般夏季、秋季采收，洗净后晒干或鲜用。该药性温，味辛、甘，归肝经，有清热泻火、健脾活血、消肿祛风的功效，常用于治疗咽痛、牙痛、目赤肿痛、脾虚食少、风湿痹痛、扭伤、骨折等症，一般以鲜草煎汤饮服。

叶互生，椭圆状披针形或椭圆形，基部抱茎

总状花序顶生，花亮黄色

杓兰

Cypripedium calceolus

别名：仙履兰

科属：兰科杓兰属

分布：黑龙江、辽宁、吉林东部和内蒙古东北部

花期

12 1 2 3 4 5 6 7 8 9 10 11

形态特征

株高 20 ~ 45 厘米，根状茎多数，比较粗壮。茎直立生长，被有腺毛，基部有数枚鞘；叶生于茎中部以上，3 ~ 4 枚，深绿色，卵状长圆形或长圆形，稀有卵状披针形，长 7 ~ 16 厘米，叶缘有细毛；花序通常具有 1 ~ 2 花，顶生；花苞片呈叶状，卵状披针形或长圆状披针形；萼片和花瓣栗色或紫红色，唇瓣黄色；花瓣线形或线状披针形，长 3 ~ 5 厘米，稍扭转；唇瓣呈深囊状，椭圆形，长 3 ~ 4 厘米，囊内部底面有毛，囊外无毛。

生长习性

喜阴凉湿润的环境，不耐寒，忌干燥、忌阳光直射。常野生于海拔 500 ~ 1000 米的林下、林缘、灌木丛中或林间草地上。

小贴士

杓兰是一种非常美丽的观赏花卉，叶片的姿态相当高雅，还有着富于奇特美感的艳丽花朵，其唇瓣呈深囊状，像仙女穿的小巧玲珑的鞋子，这就是其别名"仙履兰"的由来。另外，杓兰的耐寒性非常好，非常适合凉爽地区的园林栽培。

叶片深绿色，卵状长圆形或长圆形

萼片和花瓣栗色或紫红色，唇瓣黄色

手参

Gymnadenia conopsea

别名：手掌参、掌参、阴阳参

科属：兰科手参属

分布：我国东北、华北、西北、西南地区及内蒙古

花期 12 1 2 3 4 5 6 7 8 9 10 11

形态特征

地生草本植物，株高 20 ～ 60 厘米。茎直立，细圆柱形，基部有 2 ～ 3 枚筒状鞘；叶 4 ～ 5 枚，线状披针形、带形或狭长圆形，长 5.5 ～ 15 厘米，基部鞘状抱茎；多花密生组成顶生的总状花序，长圆柱形，长 6 ～ 15 厘米；花苞片直立伸展，披针形，约与花等长；花粉红色，稀有粉白色；花瓣直立，斜卵状三角形，有 3 脉，边缘具有细齿；唇瓣前伸，宽倒卵形，三裂；肉质块茎椭圆形，长 1 ～ 3.5 厘米，下部掌状分裂，裂片细长。

生长习性

性偏阴，极耐寒，稍耐水渍，稍耐碱。常野生于海拔 265 ～ 4700 米的砾石滩草丛中、山野阴坡林下或草地上。

小贴士

手参的根状茎可入药，性凉或微寒，味甘、微苦，归肺、脾、胃经，有益肾健脾、止咳平喘、理气和血、止痛等功效。现代药理研究表明，手参还具有抗过敏、抗氧化、抑制乙型肝炎病毒表面抗原及促进祖细胞增殖等作用。

多花密生组成顶生的总状花序

花粉红色，稀有粉白色

兰科 *Orchidaceae*

硬叶兰

Cymbidium bicolor

别名：无

科属：兰科兰属

分布：广东、海南、广西、贵州和云南西南部至南部

花期

形态特征

附生植物。叶厚革质，4～7枚，宽条形，长22～80厘米，先端二裂或微缺，基部鞘状；花葶较长，下垂或下弯，顶生总状花序，通常具有花10～20朵；花略小，萼片和花瓣为淡黄色至乳黄色，中央具有栗褐色宽纵带，唇瓣白色至乳黄色，密布栗褐色斑；花瓣近似极狭的椭圆形，唇瓣近卵形，三裂，基部略呈囊状，唇盘上有2条纵褶片；蒴果近椭圆形，长3.5～5厘米；假鳞茎为稍压扁的狭卵球形，长2.5～5厘米，包于叶基之内。

生长习性

喜阴凉湿润、空气流通的环境，忌阳光直射、忌干燥，宜生于肥沃、富含大量腐殖质的土壤中。常野生于海拔1600米以下的林中或灌木林中的树上。

小贴士

硬叶兰全草含有黄酮苷、氨基酸，为兰科药用植物，可全草入药，具有化痰止咳、清热润肺、散瘀止血等功效。此外，硬叶兰还与其他兰科植物一样，花形特殊，花色美丽，极具观赏价值，深受人们喜爱。

总状花序顶生，下垂或下弯

花瓣为极狭的椭圆形，唇瓣近卵形

忍冬科
Caprifoliaceae

忍冬科为双子叶植物纲的一科，有13属，约500种，主要分布于北温带和热带高海拔山地，东亚和北美东部的种类最多，个别属分布在大洋洲和南美洲。我国有12属，200多种，大多分布于华中地区和西南各省、自治区。忍冬科以盛产观赏植物而著称。

忍冬科植物为灌木或木质藤本，有时为小乔木或小灌木。叶对生，稀为奇数羽状复叶，无托叶或叶柄间有托叶；花序聚伞状，常具有发达的小苞片；花两性，花冠合瓣、辐状、筒状、高脚碟状、漏斗状或钟状，有时花冠二唇形；果实为肉质浆果、核果、蒴果、瘦果或坚果。

比较常见的忍冬科野花主要来自以下几属：

锦带花属	锦带花属植物有10多种，我国有2种，另有栽培种1～2种。该属植物的花稍大，白色、淡红色至紫色，一至数朵排成腋生的聚伞花序生于前年生的枝上，花冠管状钟形或漏斗状。
忍冬属	忍冬属植物约有200种，我国有98种。该属植物的花通常成对生于腋生的总花梗顶端，或者花无柄而呈轮状排列于小枝顶，花冠白色、黄色、淡红色或紫红色，钟状、筒状或漏斗状。
荚蒾属	荚蒾属植物约有200种，我国约有74种。该属植物为聚伞花序，再集生为伞房状或圆锥状花序，花辐射对称，花冠辐状、钟状、漏斗状或高脚碟状。
接骨木属	接骨木属植物有20多种，我国有4～5种，另从国外引种栽培1～2种。该属植物的花序由聚伞花序合成顶生的复伞式或圆锥式，花小，白色或黄白色，花冠辐状，五裂。
鬼吹箫属	鬼吹箫属植物约有8种，我国有6种。该属植物为轮伞花序，再合成顶生或腋生的穗状花序，有时紧缩成头状，花冠白色、粉红色或带紫红色，有时为橙黄色，漏斗状。
六道木属	六道木属植物约有20多种，我国有9种。该属植物的花小且多，白色至粉红色或紫色，花冠筒状漏斗形或钟形。
蝟实属	蝟实属为我国特有的单种属，仅有蝟实一种。其花序为疏花的伞房状聚伞花序，顶生或腋生，花冠钟状，五裂，裂片开展。

锦带花
Weigela florida

别名：锦带、五色海棠、山脂麻

科属：忍冬科锦带花属

分布：黑龙江、吉林、辽宁、内蒙古、山西、陕西、河南、江苏等

花期

12 1 2 3 4 5 6 7 8 9 10 11

形态特征

　　落叶灌木植物，植株高达 1 ~ 3 米。老树皮灰色，幼枝略呈四方形，疏被短柔毛；叶为长圆形、长椭圆形至椭圆状倒卵形，长 5 ~ 10 厘米，叶缘具有齿，叶面疏生短柔毛，柄短或无柄；花单生或多花集成聚伞花序，腋生或顶生；萼筒为长圆柱形，疏被柔毛，檐部中裂；花冠漏斗状钟形，长 3 ~ 4 厘米，玫瑰红色或紫红色，内面浅红色，檐部五裂，裂片近圆形；果实疏生柔毛，顶生短喙，长 1.5 ~ 2.5 厘米，种子无翅。

生长习性

　　喜光照充足的环境，耐阴、耐寒，忌水涝。常野生于海拔 800 ~ 1200 米阴或半阴处的湿润沟谷、杂木林下或山顶灌木丛中。

小贴士

　　锦带花的花期正值春花凋零、夏花大多未发之际，枝叶茂密，花色艳丽，花期长达两个多月，所以它是我国东北、华北地区重要的观花灌木之一，被广泛应用于园林造景。另外，锦带花对氯化氢的抗性强，是良好的抗污染树种。

锦带花枝叶繁密，花色艳丽

花冠漏斗状钟形，玫瑰红色或紫红色

金银花

Lonicera japonica

别名: 忍冬、金银藤、二色花藤、二宝藤、右转藤、鸳鸯藤、子风藤

科属: 忍冬科忍冬属

分布: 我国大部分地区

花期
12 1 2 3 4 5 6 7 8 9 10 11

形态特征

多年生半常绿缠绕灌木植物。幼枝红褐色,中空,细长蔓延;纸质叶对生,卵形、矩圆状卵形或卵状披针形,长 3～5 厘米,枝叶均被密毛;总花梗常单生于小枝上部的叶腋,密被短柔毛;叶状苞片比较大,椭圆形至卵形,有毛或无毛;花冠初为白色,有时略带微红色,渐变为黄色,冠檐二唇形,上唇三裂,下唇带状且反卷;浆果呈球形,熟时蓝黑色,有光泽;种子椭圆形或卵圆形,褐色,长约 3 毫米。

生长习性

喜光耐阴,也较耐寒、耐旱,环境适应性很强。常生于海拔 1500 米以下的山坡灌丛、疏林、山石缝隙、路旁等处。

小贴士

金银花自古以其药用价值而闻名,其花蕾可入药,味甘,性寒,归心、肺、胃经,具有消肿去毒、抗炎解热、补虚疗风的功效,对化脓性炎症、细菌性痢疾、咽喉肿痛、皮肤感染、丹毒、败血症等均有一定的疗效。

花初为白色,有时略带微红色,渐变为黄色

叶对生,卵形、卵圆形或卵状披针形

唇形花的上唇三裂,下唇带状且反卷

琼花

Viburnum macrocephalum

别名：绣球荚蒾、聚八仙、蝴蝶花、牛耳抱珠、木本绣球

科属：忍冬科荚蒾属

分布：江苏南部、安徽西部、浙江、江西西北部、湖北西部及湖南南部

花期 4

形态特征

　　落叶或半常绿灌木植物，高可达 4 米。树皮灰白色或灰褐色；芽、幼枝、叶柄等皆被有黄白色或灰白色短毛，后渐脱落；叶纸质，卵形、长椭圆形或卵状长圆形，长 5 ~ 11 厘米，叶缘具有小齿，叶柄长 1 ~ 1.5 厘米；聚伞花序稍大，直径为 8 ~ 15 厘米，外围是萼片状的大型不孕花，中央是多数可孕的两性小花；萼筒筒状，极短，萼齿与萼筒约等长；不孕花花冠白色，花瓣 5 枚，椭圆状倒卵形；果实椭圆形，初为红色，后变为黑色。

生长习性

　　喜光照充足、温暖湿润的环境，略耐阴，较耐寒，生长势强。种子有隔年发芽的习性。常野生于山坡林下或灌丛中。

小贴士

　　琼花的主要价值在于其观赏性。琼花的花洁白如玉，与众不同。其花序由八朵不孕花和众多两性小花组成，外围是萼片状的 8 朵 5 瓣大花，中间是白珍珠似的小花，像八只白蝴蝶围着花蕊翩翩起舞，风姿绰约，格外清秀淡雅。

忍冬科 *Caprifoliaceae*

聚伞花序稍大，直径为 8 ~ 15 厘米

外围不孕花白色，8 朵，花瓣 5 枚

鸡树条

Viburnum opulus

别名：天目琼花

科属：忍冬科荚蒾属

分布：辽宁、吉林、黑龙江、内蒙古、山东、河北、湖北、浙江等

花期

12 1 2 3 4 5 6 7 8 9 10 11

形态特征

　　落叶灌木植物，高达 1.5～4 米。老枝和茎干多呈暗灰色，树皮较薄，常纵裂；叶为圆卵形、倒卵形或广卵形，长6～12厘米，三裂或不裂，具有掌状三出脉，叶柄粗壮；伞形式聚伞花序稍大，直径5～10厘米，总花梗粗壮，外围大多是萼片状不孕花，10朵左右，中央是两性小花，多数；萼筒极小，萼齿三角形；不孕花白色，梗较长，花瓣5枚，宽倒卵形；果实近圆形，鲜红色；核较小，扁圆形，灰白色，略粗糙。

生长习性

　　喜光照充足、湿润的气候，稍耐阴，耐寒性强。常生于海拔 1000～1650 米的山坡、林缘、溪谷边或灌丛中。

小贴士

　　鸡树条根系发达，移植容易成活，又耐阴，是北方地区可以背阳种植的优良观赏树种，春季可观花，秋季能赏果，常见栽培于各地园林中。另外，鸡树条的嫩枝、叶、果均可供药用，其种子还能榨油，可用来制肥皂和润滑油。

不孕花白色，10 朵左右，花瓣 5 枚

果实近圆形，鲜红色

荚蒾

Viburnum dilatatum

别名： 荚迷、檕迷、檕蒾、酸汤杆、苦柴子

科属： 忍冬科荚蒾属

分布： 浙江、江苏、山东、河南、陕西、河北等

花期

形态特征

　　落叶灌木植物，高 1.5 ～ 3 米。当年生小枝密被土黄色的短粗毛，二年生小枝为暗紫褐色，几乎无毛；纸质单叶对生，多倒卵形或宽卵形，长 3 ～ 10 厘米，先端骤尖，基部圆钝或略似心形，叶缘有尖齿，叶脉显著；多花密集，形成复伞形式的聚伞花序，直径为 4 ～ 10 厘米，总花梗较短；小花白色，辐状，直径约 5 毫米，裂片 5 枚，圆卵形；果实熟时红色，椭圆状卵圆形，长 7 ～ 8 毫米；核扁卵形，长 6 ～ 8 毫米。

生长习性

　　喜光照充足、温暖湿润的环境，耐阴、耐寒，适应性较强。多生于海拔 100 ～ 1000 米的山坡、山谷、林缘及低矮灌丛中。

小贴士

　　荚蒾除了花形美丽，还具有很高的药用价值。现代研究表明，荚蒾煎剂在试管内对金黄色葡萄球菌、炭疽杆菌、白喉杆菌、绿脓杆菌、乙型链球菌、伤寒杆菌和痢疾杆菌等有不同程度的抑制作用，此外还有抗肿瘤、抗胆碱酯酶等作用。

多花密集形成复伞形式的聚伞花序

果实熟时红色，椭圆状卵圆形

接骨木

Sambucus williamsii

别名：公道老、扦扦活、马尿骚、大接骨丹

科属：忍冬科接骨木属

分布：我国东北、华北、华中、华东地区及甘肃、四川、云南等

花期
12 1 2 3 4 5 6 7 8 9 10 11

形态特征

　　落叶灌木或乔木植物，高5～6米。茎无棱，多分枝，老枝淡红褐色，无毛；奇数羽状复叶对生，有小叶7～11枚，卵圆形至长椭圆形，长5～15厘米，叶缘生有不规则锯齿，叶搓揉后有臭气；圆锥形聚伞花序顶生，有总花梗，花小且密；花萼钟形，通常五裂，裂片舌状；花冠白色或淡黄色，裂片5枚，长卵圆形或矩圆形，长约2毫米；果实通常为红色，极少数为蓝紫黑色，近圆形或卵圆形，直径3～5毫米。

生长习性

　　喜光照充足的环境，稍耐阴，耐寒、耐旱，忌水涝。多生于海拔540～1600米的山坡、荒地、灌丛、田边、路旁。

小贴士

　　中世纪时，接骨木被视为灵魂的栖息地，人们认为接骨木的树枝可制成魔杖，站在接骨木下还能避雷。人们还认为焚烧接骨木或将它带到居室内都是不吉利的，但经过适当处理的接骨木则有一定的保护功能。

圆锥形聚伞花序顶生，小花多白色

果实通常红色，近圆形或卵圆形

接骨草

Sambucus chinensis

别名：陆英、排风藤、八棱麻、大臭草、秧心草、小接骨丹

科属：忍冬科接骨木属

分布：陕西、江苏、浙江、福建、河南、湖南、广东、四川、西藏等

花期

形态特征

高大草本或半灌木植物，株高1～2米。茎较粗壮，具有棱，髓部白色；羽状复叶具有小叶2～3对，小叶互生或对生，狭卵形，长6～13厘米，嫩时被有疏柔毛，叶缘生有细齿；复伞形花序大而疏散，顶生，总花梗被有黄色疏柔毛；不孕花杯形，不脱落，可孕花较小；萼筒杯状，萼齿三角形；花较小，花冠白色，花药紫色或黄色；果实较小，近圆形，直径3～4毫米，熟时红色；果核卵形，2～3粒，表面密生小疣。

生长习性

喜光照充足的环境，但又能稍耐阴，耐寒，忌高温，适应性较强，对土壤要求不严。常野生于海拔300～2600米的塘边、溪边、沟边、山坡、林下等较湿润的地方。

小贴士

接骨草以全草和根入药，味甘、微苦，性平，归肝经，有祛风利湿、接骨疗伤、消肿解毒、活血化瘀、止血的功效，可用于治疗黄疸、淋浊、带下、骨折、水肿、脚气、痈肿、疗毒等症。

复伞形花序大而疏散，顶生，小花白色

果实较小，近圆形，熟时红色

忍冬科 *Caprifoliaceae*

忍冬科 *Caprifoliaceae* 181

蝟实

Kolkwitzia amabilis

别名：猬实

科属：忍冬科蝟实属

分布：山西、陕西、甘肃、湖北、安徽等

花期

	12	1	
11			2
10	花期		3
9			4
8			5
	7	6	

形态特征

直立灌木植物，高可达3米。小枝红褐色，被有糙毛；老枝光滑，多分枝；叶椭圆形至卵状椭圆形，长3～8厘米，全缘，稀有浅齿状，叶柄极短；伞房状聚伞花序较大，多花，腋生或顶生，总花梗长1～1.5厘米；萼筒外密生刚毛，上部缢缩，极狭，裂片钻状披针形；花冠淡红色，长1.5～2.5厘米，基部较狭，中部以上骤然扩大，外被短柔毛，裂片5枚，不等大，内面有黄色斑块；果实密被黄色刺刚毛，具有宿存萼。

生长习性

喜光照充足、半湿润半干旱的环境，不耐阴，耐寒、耐旱，忌水涝。常野生于海拔350～1340米的山坡、路旁和灌木丛中。

小贴士

蝟实是秦岭至大别山区的古老残遗品种，由于其形态特殊，在忍冬科中处于孤立地位，它对于研究植物区系、古地理和忍冬科系统发育有一定的科学价值。另外，蝟实花序紧簇，花色艳丽，是一种具有较高观赏价值的花木。

花淡红色，裂片5枚，不等大，内有黄色斑块

伞房状聚伞花序具有多花，腋生或顶生

鬼吹箫

Leycesteria formosa

别名：炮仗筒、空心木、野芦柴

科属：忍冬科鬼吹箫属

分布：四川西部、贵州西部、云南（西南部除外）和西藏南部至东南部

花期

形态特征

　　灌木植物，株高1～2米甚至3米，全体常被有暗红色短腺毛。纸质叶长圆状卵形、卵状披针形或卵形，长4～12厘米，一般全缘，有时波状或具有不整齐疏齿，叶柄较短；穗状花序顶生或腋生，每节有一对对生的三花聚伞花序；叶状苞片绿色略带紫色或紫红色，每轮6枚；花冠漏斗状，白色或粉红色，有时略染紫红色，外被短柔毛；果实近圆形或卵圆形，初为红色，熟时为黑紫色；种子小且多，淡棕褐色，稍扁平的长圆形或椭圆形。

生长习性

　　喜光照充足的环境，耐寒，喜排水良好的土壤。常野生于海拔1100～3300米的山坡、山谷、溪沟边或河边的林下、林缘或灌丛中。

小贴士

　　鬼吹箫是一种中药材，其茎叶和根均可入药。茎叶一般在夏季、秋季采收，根则全年都可采挖，均可鲜用或切段晒干。其性凉，味苦，归肺、肝、肾三经，具有破血调经、祛风除湿、利水消肿的功效。

花冠漏斗状，白色或粉红色，有时带紫红色

穗状花序顶生或腋生

糯米条

Abelia chinensis

别名：茶树条

科属：忍冬科六道木属

分布：我国长江以南各省、自治区

花期

12 1 2 3 4 5 6 7 8 9 10 11

形态特征

　　落叶灌木植物，高达2米，分枝较多。嫩枝常为红褐色，比较纤细，密被短毛，老枝树皮常纵裂；叶对生，偶见3枚轮生，椭圆状卵形或卵圆形，长2～5厘米，叶缘疏生圆齿，背面叶脉密被白色长柔毛，花枝上部的叶片向上渐小；多个聚伞花序腋生，集成一个大型的圆锥状花簇；小苞片3对，披针形或长圆形，有睫毛；花白色至红色，花冠长漏斗状，檐部五裂，裂片近似圆卵形；果实具有宿存萼。

生长习性

　　喜光照充足、温暖湿润的气候，耐阴性强，忌积水，对土壤要求不严。常野生于海拔170～1500米的山地、荒坡。

小贴士

　　糯米条为丛生灌木植物，枝条柔软，枝叶繁密，盛花期时长漏斗状的小花密集于枝端，玲珑可爱，极具观赏性，适宜栽植于墙隅、池畔、路边、草坪或林缘，群植、列植皆可。另外，其枝、叶、花和根均可供药用，有清热解毒、凉血止血的功效。

叶对生，偶见3枚轮生，椭圆状卵形或卵圆形

花冠白色至红色，长漏斗状，檐部五裂

虎耳草科
Saxifragaceae

虎耳草科为双子叶植物纲蔷薇亚纲的一科，约80属，1200多种，分布范围几乎遍及全球，主要产于温带。我国有28属，约500种，南北均产，主产于西南地区，其中独根草属为我国特有。

虎耳草科植物为多年生草本、灌木、小乔木或藤本。叶互生或对生，通常无托叶；花两性，有时单性，边花有时不育；花序多样，通常为聚伞状、圆锥状或总状花序，稀有单花；花被片通常4～5基数，覆瓦状、镊合状或旋转状排列；果实为蒴果、浆果、小菁荚果或核果。

比较常见的虎耳草科野花主要来自以下几属：

鬼灯檠属	鬼灯檠属植物有5种，我国有4种。该属植物通常为圆锥状聚伞花序，萼片花瓣状，白色、粉红色或红色，无花瓣。
岩白菜属	岩白菜属植物有9种，我国有6种。该属植物为圆锥状聚伞花序，花较大，白色、红色或紫色。
落新妇属	落新妇属植物约有18种，我国有7种。该属植物的花小，两性或单性，白色或粉红色，通常排成圆锥花序。
绣球属	绣球属植物约有73种，我国有46种。该属植物为聚伞花序，常排成伞形、伞房状或圆锥状，花二型，有或无不育花，生于花序外侧，萼片花瓣状，孕性花较小，生于花序内侧。
溲疏属	溲疏属植物约有60种，我国有53种、1亚种、19变种。该属植物的花两性，常组成圆锥花序、伞房花序、聚伞花序或总状花序，顶生或腋生，花白色、粉红色或紫色。
梅花草属	梅花草属植物有70多种，我国有60种。该属植物的花单生于茎顶，花瓣5枚，覆瓦状排列，白色或淡黄色，稀有淡绿色。
草绣球属	草绣球属植物有5种，我国有3种。该属植物的花序为顶生、疏散的伞房花序，不孕花位于花序的边缘，孕性花居中央，白色、粉红色或青紫色。
山梅花属	山梅花属植物有75种，我国有22种、17变种。该属植物为总状花序，常下部分枝，呈聚伞状或圆锥状排列，花白色，芳香，花瓣4～5枚。
虎耳草属	虎耳草属植物有400多种，我国有203种。该属植物的花通常两性，有时单性，多组成聚伞花序，黄色、白色、红色或紫红色，花瓣5枚。
黄山梅属	黄山梅属植物仅有黄山梅一种，产于日本和我国安徽黄山、浙江天目山。该属植物的花两性，花冠一型，无不育花，花瓣5枚，离生。

虎耳草

Saxifraga stolonifera

别名：石荷叶、金线吊芙蓉、老虎耳、金丝荷叶、耳朵红

科属：虎耳草科虎耳草属

分布：河北、陕西、甘肃、江苏、安徽、浙江等

形态特征

多年生草本植物，株高 8 ~ 45 厘米，除花被外全株密被腺毛。匍匐枝红紫色，细长，茎上有 1 ~ 4 枚苞片状叶；叶基生，具有长柄，肾形、近心形至扁圆形，叶缘具有不整齐齿牙和腺睫毛，腹面绿色，背面通常为红紫色且具有斑点；圆锥状聚伞花序顶生，疏花或多花，花梗短且细弱；花两侧对称，白色花瓣 5 枚，不等大，上面 3 枚较短，卵形，具有红色斑点，下面 2 枚较长，披针形至长圆形；蒴果卵圆形，顶端二深裂。

生长习性

喜阴凉潮湿的环境，宜生于肥沃、湿润且排水良好的土壤中。常野生于海拔 400 ~ 4500 米荫蔽多湿的林下、坎壁、灌丛、草甸和岩隙。

小贴士

虎耳草叶形圆润可爱，花形奇巧，像风中起舞的曼妙女子，风姿清雅，极具观赏价值。另外，虎耳草全草可入药，全年可采，但以开花后采摘为好。该药性寒，味微苦、辛，有小毒，归肺、脾、大肠经，具有祛风清热、凉血解毒的功效。

花瓣 5 枚，上面 3 枚较短，下面 2 枚较长

圆锥状聚伞花序顶生，花白色

虎耳草科 *Saxifragaceae*

绢毛山梅花

Philadelphus sericanthus

花期

别名：建德山梅花、毛萼山梅花、土常山、探花

科属：虎耳草科山梅花属

分布：陕西、甘肃、江苏、安徽、浙江、河南、湖南、广西、云南等

形态特征

　　灌木植物，树高1～3米。小枝黄褐色或褐色，表皮被有疏毛或纵裂，片状脱落；纸质叶长圆状披针形或椭圆形，长3～11厘米，叶缘具有齿，齿端具有角质小圆点，叶面疏被糙伏毛，叶柄较短；总状花序具有花7～15朵或更多，下面的分枝顶端呈聚伞状排列，花序轴较长；花冠白色，常俯垂，花瓣4枚，长圆形或倒卵形，长1.2～1.5厘米，外面疏被毛；蒴果较小，倒卵形，直径约5毫米，种子具有短尾。

生长习性

　　耐干旱、耐瘠薄，对环境要求不严，在山区、丘陵地也能生长。常野生于海拔350～3000米的阳坡山地或灌丛中。

小贴士

　　绢毛山梅花是灌木植物，叶丛紧密，花虽然小巧秀气，但洁白莹润，芳香沁人，是很好的观赏植物，宜于园林造景或装饰。另外，绢毛山梅花的茎叶和根皮可入药，茎叶一般夏季和秋季采集，能清热利湿，根皮则全年可采，能治疟疾、胃气痛等症。

总状花序具有花7～15朵或更多

花冠白色，花瓣长圆形或倒卵形

黄山梅

Kirengeshoma palmata

别名：无

科属：虎耳草科黄山梅属

分布：安徽、浙江两省的毗邻山区

花期

12 1 2 3 4 5 6 7 8 9 10 11

形态特征

多年生草本植物，株高 80 ～ 120 厘米。茎近四棱形，无被毛，略呈紫色；茎下部叶最大，柄最长，圆心形，长宽均 10 ～ 20 厘米，掌状 7 ～ 10 浅裂，两面被有糙伏毛；茎上部叶渐小，柄渐短至无柄，长宽均 3 ～ 7 厘米，最上部叶甚至为披针形或卵形；聚伞花序疏花，顶生或腋生；花淡黄色，花瓣 5 枚，近狭倒卵形或长圆状倒卵形；蒴果近球形或阔椭圆形，直径约 1.3 厘米；种子扁平，周围具有膜质斜翅。

生长习性

喜温凉、湿润的荫蔽环境，不耐强光照射，较耐寒，宜生于富含有机质的酸性黄棕壤中。常野生于海拔 700 ～ 1800 米的落叶阔叶林下的阴湿之地，呈小片生长。

小贴士

黄山梅为单种属植物，是黄山梅亚科的唯一代表种，它对于阐明虎耳草科的种系演化以及中国和日本植物区系的关系有重大的科研价值，目前已被列为濒危物种。我国已在安徽、浙江等地设置了自然保护区，对黄山梅进行必要的保护。

叶圆心形，长宽均 10 ～ 20 厘米，掌状 7 ～ 10 浅裂

花淡黄色，常俯垂

草绣球

Cardiandra moellendorffii

别名：八仙花、人心药

科属：虎耳草科草绣球属

分布：我国长江流域以南地区

花期
12 1 2 3 4 5 6 7 8 9 10 11

形态特征

亚灌木植物，株高 0.4 ~ 1 米。茎常单生，表面具有浅纵纹；叶纸质，通常单片、分散互生于茎上，倒长卵形或椭圆形，长 6 ~ 13 厘米，绿色或染有紫色，叶缘具有粗齿，叶脉比较清晰，叶柄长 1 ~ 3 厘米；伞房状聚伞花序顶生，苞片宿存；不育花的萼片呈花瓣状，阔卵形至近圆形，长 5 ~ 15 毫米，白色或粉红色；孕性花的花瓣近圆形或阔椭圆形，白色或淡红色；蒴果较小，卵球形或近球形，种子棕褐色，扁平的长圆形或椭圆形，具有翅。

生长习性

喜半阴和湿润的环境。草绣球为短日照植物，每日需有 10 小时以上的黑暗，6 周才形成花芽。土壤为酸性开蓝色花，为碱性则开红色花。

小贴士

草绣球的花球大且美丽，而且有许多园艺品种，耐阴性较强，是极好的观赏花木。在暖地可配植于林下、路缘、棚架边及建筑物的北面，制成盆栽则可用作室内布置，是窗台绿化和家庭养花的好材料。

叶纸质，倒长卵形或椭圆形，绿色或染有紫色

伞房状聚伞花序顶生

鬼灯檠

Rodgersia podophylla

别名：牛角七、老蛇莲

科属：虎耳草科鬼灯檠属

分布：我国大部分地区

花期 7 6

形态特征

多年生草本植物，株高 0.6 ~ 1 米。茎直立生长，无被毛；基生叶为掌状复叶，具有小叶 5 ~ 7 枚，小叶长披针形或近倒卵形，长 15 ~ 35 厘米，先端渐尖，边缘具有粗齿，叶脉显著，叶柄较长，基部鞘状；茎生叶互生，较小；圆锥花序具有多花，长 15 ~ 30 厘米，顶生；白色萼片 5 ~ 7 枚，近卵形，疏生腺毛，具有羽状脉；无花瓣；雄蕊通常 10 个，心皮下部合生，子房近上位，卵球形；蒴果含多数种子；根状茎横走，较粗壮。

生长习性

喜温和湿润的半阴环境，不耐高温，忌强光直射。常野生于海拔 1200 ~ 2600 米的山坡、林下、水沟边等阴湿处。

小贴士

鬼灯檠的叶子硕大且漂亮，观叶期很长，从春天一直到晚夏。在春天，它的叶子具有一种金属般的光泽，在夏天时会变成绿色，当天气转凉后，叶子会再次呈现出金属般的光泽，非常神奇。另外，鬼灯檠干燥的根状茎可以入药，有散瘀止血、清热解毒的功效。

基生叶为掌状复叶，具有小叶 5 ~ 7 枚

圆锥花序具有多花，长 15 ~ 30 厘米

虎耳草科 *Saxifragaceae*

绣球

Hydrangea macrophylla

别名：八仙花、粉团花、紫绣球、紫阳花

科属：虎耳草科绣球属

分布：山东、江苏、浙江、福建、河南、湖南、广东、四川、云南等

花期

形态特征

灌木植物，株高1～4米。枝较粗壮，圆柱形，外皮紫灰色至淡灰色，无毛，有皮孔；叶纸质或近革质，阔椭圆形或倒卵形，长6～15厘米，叶缘具有粗齿，两面无毛或被有稀疏卷毛，网状细脉明显，叶柄粗壮；伞房状聚伞花序较大，近球形，直径8～20厘米，总花梗较短，小花密集，多数不育，花瓣状萼片4枚，阔卵形或近圆形，淡蓝色、粉红色或白色；孕性花极少数，花瓣长圆形；蒴果较小，长陀螺状。

生长习性

喜温暖湿润的半阴环境，不耐寒，忌水涝、忌强光照射。常野生于海拔380～1700米的山顶、疏林、山谷或溪旁。

小贴士

我国的绣球栽培历史比较长，早在明清时期，一些著名的江南园林中就有绣球的身影。现代公园和风景区更是成片栽植，令人悦目怡神。绣球花的花型丰满，大且美丽，其花色根据土壤酸碱度的变化能红能蓝，是常见的盆栽观赏花卉。

灌木植物，株高1～4米

叶纸质或近革质，阔椭圆形或倒卵形

伞房状聚伞花序较大，近球形

小花密集，多数不育，花瓣状萼片4枚

花淡蓝色、粉红色或白色

厚叶岩白菜

Bergenia crassifolia

别名：无

科属：虎耳草科岩白菜属

分布：新疆阿勒泰地区

花期

形态特征

　　多年生草本植物，株高 15 ～ 31 厘米。叶厚革质，基生，形状多变，狭倒卵形、倒卵形、阔倒卵形或椭圆形，长 5 ～ 12.5 厘米，叶缘生有波状齿，无被毛；叶柄较长，基部具有托叶鞘；圆锥状聚伞花序具有多花，长 3.5 ～ 13 厘米，花梗较短；萼片革质，在花期直立，比较小，倒卵形至三角状阔倒卵形；花不大，多为红紫色，花瓣长圆形至阔卵形，先端略缺，具有多脉；根状茎粗大，具有鳞片和枯残的托叶鞘。

生长习性

　　喜温暖湿润的半阴环境，极耐寒，不耐旱，忌高温和强光。多野生于海拔 2000 ～ 4000 米的阴坡上或阳坡的岩石缝隙间。

小贴士

　　厚叶岩白菜含有岩白菜素、缩合鞣质、熊果酚苷类物质，利用其提取物制成的复方岩白菜素片已被广泛应用，可化痰止咳。另外，厚叶岩白菜还极具观赏价值，其粉红色或紫色的圆锥花序非常艳丽，花期又长，可用于花坛、花境等园艺设计中。

叶厚革质，基生，形状多变，叶缘生有波状齿

圆锥状聚伞花序，花多为红紫色

落新妇

Astilbe chinensis

别名：小升麻、术活、马尾参、山花七、阿根八、金毛三七

科属：虎耳草科落新妇属

分布：我国西北、西南、东北、华北、华中、华东地区

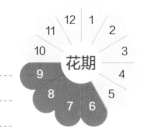

花期

11 12 1 2 3 4 5 6 7 8 9 10

形态特征

多年生草本植物，株高 50 ~ 100 厘米或更高。茎直立生长，无被毛；基生叶为二至三回三出羽状复叶，最顶端小叶为菱状椭圆形，侧生小叶为卵形至椭圆形，叶缘生有重锯齿，两面皆被毛；茎生叶较小，通常 2 ~ 3 枚；圆锥花序较大型，长 8 ~ 37 厘米，花序轴被有密毛；小花密集，白色至紫红色，花瓣 5 枚，线形；蒴果较小，长约 3 毫米；种子也很小，褐色；根状茎粗壮，暗褐色，具有多数须根。

生长习性

喜半阴的湿润环境，性强健，耐寒，对土壤适应性较强，耐轻碱土壤。常野生于海拔 400 ~ 3600 米的山坡、林下、林缘、草甸和溪边等处。

小贴士

落新妇已被大规模人工引种栽培，现有的园艺品种极多，红色系的有"红光""红卫兵""法纳尔"，白色系的有"雪漂""雪崩"，粉色系的有"普米拉""鬼怪""亚历山大女王"等，风格朴素、典雅，又有点卓尔不凡。

圆锥花序较大型，长 8 ~ 37 厘米

小花密集，白色至紫红色

虎耳草科 *Saxifragaceae*

梅花草

Parnassia palustris

别名：无

科属：虎耳草科梅花草属

分布：我国东北、华北地区及陕西、甘肃、青海等

花期

11 12 1
10 2
9 3
8 4
7 5
6

形态特征

多年生草本植物，株高30～50厘米，全株无毛。基生叶丛生，叶柄较长，叶片卵圆形至心形，长1～3厘米，全缘；花茎中部生有1枚叶片，与基生叶同形而略小，基部鞘状抱茎；花一般单独顶生，形似梅花；椭圆形萼片5枚，长约5毫米；花冠不大，白色至浅黄色，花瓣5枚，卵圆形或长卵圆形，先端有小缺刻，具有脉纹；雄蕊和假雄蕊各5个，心皮合生，卵形子房上位；蒴果较小，上部常四裂，内含种子多数；根茎近球形，较短。

生长习性

喜光照充足的环境，极耐寒，喜湿润的土壤。常野生于山坡、林边、山沟、湿草地等处。

小贴士

梅花草全草可入药，一般夏季开花时采收，洗净晾干。其性凉，味苦，归肺、肝、胆经，有清热凉血、消肿解毒、化痰止咳的功效，主要可用来治疗咽喉肿痛、痰喘咳嗽、脉管炎、疮痈肿毒、细菌性痢疾、黄疸型肝炎等症。

花白色至浅黄色，花瓣5枚，卵圆形或长卵圆形

花一般单独顶生，形似梅花

溲疏

Deutzia scabra

别名：空疏、巨骨、空木、卵花

科属：虎耳草科溲疏属

分布：我国各地

花期

形态特征

　　落叶灌木植物，稀为半常绿灌木，株高可达 3 米。小枝赤褐色，中空，幼时被有星状毛，老枝无毛，树皮常呈薄片状剥落；叶具有短柄，对生，叶片卵状披针形或卵形，长 5 ~ 12 厘米，叶缘生有小锯齿，两面均被有星状毛；圆锥花序直立，长 3 ~ 10 厘米，花白色或带粉红色斑点；钟状萼筒与子房壁合生，常木质化，檐部五裂，裂片三角形；花瓣 5 枚，长圆形，外被星状毛；蒴果近球形，顶端扁平，内含多数种子。

生长习性

　　喜光照充足、温暖湿润的气候，稍耐阴，耐旱，对土壤的要求不严，适应性强。多野生于山坡、沟谷、岩缝及灌丛中。

小贴士

　　溲疏的花期正逢春花初谢、夏花未发之际，白花满树，洁净素雅，是适于庭院栽培或园林造景的植物，花枝也可供瓶插观赏。白花重瓣溲疏是其变种，花瓣更加繁复美丽。另外，溲疏还有一定的药用价值，其根、叶、果均可入药。

圆锥花序，花白色或带粉红色斑点

叶具有短柄，卵状披针形或卵形

齿叶溲疏

Deutzia crenata

别名：无

科属：虎耳草科溲疏属

分布：安徽、湖北、江苏、山东、浙江、江西、福建、云南等

花期

12 1
11 2
10 3
花期
9 4
8 5
7 6

形态特征

　　灌木植物，树高1～3米。老枝暗灰色，表皮常呈片状脱落，无被毛；花枝红褐色，具有棱，被有星状毛，长8～12厘米，具有4～6叶；纸质叶卵状披针形或卵形，长5～8厘米，叶缘具有细圆齿，叶脉较清晰，叶柄较短；圆锥花序具有多花，长5～10厘米，疏被星状毛；花冠直径1.5～2.5厘米，花瓣白色，狭椭圆形，长8～15毫米，外面被有星状毛；蒴果较小，呈半球形，直径约4毫米，外面疏被星状毛。

生长习性

　　喜光照充足的环境，稍耐阴，较耐寒，耐旱，宜生于微酸性或中性土壤中。常野生于山谷、路边、岩缝及丘陵地带的低山灌丛中。

小贴士

　　齿叶溲疏春末夏初开花，绿色的枝丛紧密，白色小花满布，远观之苍翠逼人，清雅美丽，孤植或丛植于草坪及林缘皆有不错的美化效果，也可用作花篱及岩石园的种植材料。其根、叶、果还可入药，有清热利尿的作用，但有小毒，用时需谨慎。

圆锥花序具有多花，长5～10厘米

花瓣白色，狭椭圆形

罌粟科
Papaveraceae

罂粟科在全世界约有 38 属，700 多种，主要产于北温带地区，尤以地中海、西亚、中亚、东亚及北美洲西南部为多。我国有 18 属，362 种，南北均产，但以西南部最为集中。罂粟科的许多植物有大毒，可以入药。

罂粟科植物大部分的种类是草本，稀为亚灌木、小灌木或灌木，极稀有乔木状（但木材软），一年生、二年生或多年生，常有乳汁或有色液汁。基生叶通常为莲座状，茎生叶互生，稀有上部对生或近轮生状，全缘或分裂，有时具有卷须，无托叶；花单生或排列成总状花序、聚伞花序或圆锥花序；花两性，多大而鲜艳，无香味；主根明显，稀有纤维状或形成块根，稀有块茎。

比较常见的罂粟科野花主要来自以下几属：

白屈菜属	白屈菜属仅有白屈菜一种。其花多数，排列成腋生的伞形花序，花黄色，花瓣 4 枚。
蓟罂粟属	蓟罂粟属植物有 29 种，我国的南部庭院栽培有 1 种，在台湾、福建、广东沿海和云南逸为野生。该属植物的花单独顶生或成聚伞状排列，花瓣 4 ~ 6 枚，二轮排列，橙黄色、黄色、黄白色或白色，稀有紫红色。
荷包牡丹属	荷包牡丹属植物有 20 种，我国有 2 种。该属植物为总状花序或聚伞状花序，稀有单花，白色、黄色、粉红色或紫红色。
紫堇属	紫堇属植物约有 500 种，我国有近 300 种。该属植物的花排列成顶生、腋生或对叶生的总状花序，稀为伞房状或穗状至圆锥状，花冠两侧对称，紫色、蓝色、黄色、玫瑰色，稀有白色。
罂粟属	罂粟属植物有 100 种，我国有 7 种、3 变种、3 变型。该属植物的花单生，稀为聚伞状总状花序，花瓣通常倒卵形，二轮排列，多为红色，稀有白色、黄色、橙黄色或淡紫色。
荷青花属	荷青花属仅有荷青花一种植物，我国有 1 种、2 变种。该属植物的花呈黄色，通常 1 ~ 3 朵，腋生或呈聚伞式花序，花瓣 4 枚，圆形，具有瓣柄。
血水草属	血水草属仅有血水草一种植物，产于我国中部和南部各省。该属植物的花白色，排成总状花序，花瓣 4 枚，覆瓦状排列。
绿绒蒿属	绿绒蒿属植物有 49 种，我国有 38 种。该属植物的花单生或总状、圆锥状排列，花大而美丽，蓝色、紫色、红色或黄色，稀有白色。

白屈菜

Chelidonium majus

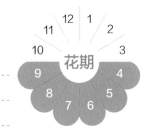

花期

11	12	1
10		2
9		3
8		4
7	6	5

别名：地黄连、牛金花、土黄连、八步紧、断肠草、山黄连、假黄连

科属：罂粟科白屈菜属

分布：我国东北、华北、西北地区及江苏、江西、四川等

形态特征

多年生草本植物，株高 30 ~ 60 厘米或更高。茎多分枝，分枝常被短柔毛，节上尤其较密，后脱落无毛；基生叶多早落，宽倒卵形或倒卵状长圆形，长 8 ~ 20 厘米，羽状全裂，具有裂片 2 ~ 4 对，叶柄较长，基部鞘状；茎生叶同基生叶而略小；伞形花序具有多花，花梗纤细；花黄色，花瓣 4 枚，倒卵形，全缘；蒴果狭圆柱形，长 2 ~ 5 厘米，具有短柄；种子暗褐色，较小，卵形；主根暗褐色，圆锥形，比较粗壮，具有多数侧根。

生长习性

喜阳光充足、温暖湿润的气候，耐寒、耐热、耐干旱，不择土壤。常野生于海拔 500 ~ 2200 米的山谷湿润地、水沟边、林缘、草地或路旁。

小贴士

白屈菜全草可入药，一般于盛花期采收，割取地上部分，晒干，置通风干燥处，鲜用也可。该药性凉，味苦，有毒，归肺、心、肾经，有镇痉、止咳、利尿、解毒等功效，可用于治疗胃痛、肠炎、百日咳、水肿、黄疸、顽癣等症。

叶宽倒卵形或倒卵状长圆形，羽状全裂

花黄色，花瓣 4 枚，倒卵形，全缘

荷包牡丹

Dicentra spectabilis

别名：荷包花、蒲包花、兔儿牡丹、铃儿草、鱼儿牡丹

科属：罂粟科荷包牡丹属

分布：我国北方各省及四川、云南等

花期

12 1 2 3 4 5 6 7 8 9 10 11

形态特征

直立草本植物，株高 30～60 厘米或更高。茎呈圆柱形，略带紫红色；叶片轮廓为三角形，长 15～30 厘米，二回三出全裂，小裂片一般全缘，上叶面绿色，下叶面有白粉，叶脉显著，叶柄较长；总状花序具有花 8～15 朵，长约 15 厘米，向一侧下垂；花形优美，荷包状，基部心形；玫瑰色萼片较小，披针形，花前脱落；外花瓣粉红色至紫红色，稀有白色，下部呈囊状；内花瓣略呈匙形，长约 2.2 厘米；未见果实。

生长习性

喜散射光充足的半阴环境，耐寒，不耐旱，忌高温，喜湿润、排水良好的砂质壤土。常生于海拔 780～2800 米的山坡或湿润的草地上。

小贴士

荷包牡丹叶丛浓绿，花朵形似荷包，玲珑别致，色彩绚丽，是庭院盆栽或切花装饰的好材料，也可丛植于树丛、草地边缘等较湿润阴凉的地方，极具观赏性。另外，荷包牡丹可全草入药，有镇痛解痉、调经和血、除风消疮等功效。

花形优美，荷包状，基部心形

外花瓣粉红色至紫红色，稀有白色

紫堇

Corydalis edulis

别名：楚葵、蜀堇、苔菜、水卜菜

科属：罂粟科紫堇属

分布：我国长江中下游各省、自治区以及河南、陕西、山西、甘肃等

花期

形态特征

　　一年生草本植物，株高 20 ~ 50 厘米，灰绿色。茎分枝较多，花枝纤细，花葶状，常与叶对生；基生叶柄较长，叶片轮廓近三角形，长 5 ~ 9 厘米，一至二回羽状全裂，裂片狭卵圆形；茎生叶与基生叶同形而略小；总状花序疏花，一般有 3 ~ 10 朵；萼片近圆形，边缘具有齿；花淡粉红色至紫红色，外花瓣较宽展，其中，上花瓣长 1.5 ~ 2 厘米，下花瓣近基部渐狭；内花瓣具有鸡冠状突起；蒴果细长线形，内含一列种子。

生长习性

　　喜光照充足的环境，耐寒，喜排水良好的土壤。常野生于海拔 400 ~ 1200 米左右的丘陵、沟边或多石地。

小贴士

　　紫堇的根或全草可以入药，一般于春季、夏季采挖，除去杂质，洗净，阴干或鲜用。性凉，味苦、涩，有毒，归肺、肾、脾经，有清热解毒、消炎止痛、杀虫止痒等功效，主要用于治疗咽喉疼痛、疮疡肿毒、顽癣、毒蛇咬伤等症。

总状花序疏花，一般有 3 ~ 10 朵

花粉红色至紫红色

罂粟科 *Papaveraceae*

延胡索

Corydalis yanhusuo

别名：玄胡索、元胡、延胡、元胡索

科属：罂粟科紫堇属

分布：安徽、浙江、江苏、湖北等

花期

形态特征

　　多年生草本植物。茎直立生长，高 10 ~ 30 厘米，常分枝；茎上通常具有 3 ~ 4 枚叶，二回三出或近三回三出，小叶三裂或三深裂，裂片披针形，全缘；下部茎生叶柄较长，基部鞘状；总状花序疏花，一般有 5 ~ 15 朵；花紫红色，外花瓣较宽展，其中上花瓣长 1.5 ~ 2.2 厘米，下花瓣具有短爪；内花瓣较小，长 8 ~ 9 毫米，爪比瓣片略长；蒴果较小，线形，含多数种子，长 2 ~ 2.8 厘米；块茎近似圆球形，暗黄色。

生长习性

　　喜温暖湿润的气候，不耐寒，忌水涝，宜生于排水良好、肥沃疏松、富有腐殖质的砂质壤土中。常野生于丘陵、草地。

小贴士

　　延胡索的干燥块茎可入药。一般夏初茎叶枯萎时采挖，除去须根，洗净，置沸水中煮至恰无白心时取出，晒干。其性温，味苦、辛，归肝、脾经，可理气活血、散瘀止痛。现代药理研究表明，延胡索对中枢神经有一定影响，可用于麻醉。

叶二回三出或近三回三出，小叶三裂或三深裂

总状花序疏花，一般有 5 ~ 15 朵

荷青花

Hylomecon japonicum

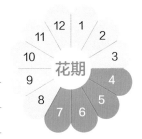

花期

别名：刀豆三七、补血草、大叶老鼠七、大叶芹幌子

科属：罂粟科荷青花属

分布：四川、湖南、湖北、陕西、山西、安徽、浙江、辽宁、吉林

形态特征

多年生草本植物，株高15～40厘米，具有黄色液汁。茎草质，不分枝，具有浅纹，绿色染有红色至紫色；基生叶较大，羽状全裂，裂片边缘具有不整齐重齿，柄极长；茎生叶为奇数羽状复叶，小叶广卵形至菱状卵形，长2.5～10厘米，叶缘具有不整齐锯齿；伞房状花序疏离，顶生或腋生；花为黄色，花瓣近圆形或倒卵圆形，长1.5～2厘米；蒴果线形，长5～8厘米，熟时二瓣裂；肉质根茎斜生，具有褐色的膜质鳞片。

生长习性

喜光照充足的湿润环境，也耐阴，对土壤要求不严，适应性较强。常野生于海拔300～2400米较湿润的林下、林缘或沟边。

小贴士

荷青花植株矮小，花色亮黄，花瓣4枚，在野外极易辨识。荷青花的根茎可以入药，全年可采。该药性平，味苦，有舒筋活络、祛风除湿、止血止痛、散瘀消肿等功效，可用于治疗劳伤过度、风湿性关节炎、跌打损伤及月经不调等症。

茎上散生奇数羽状复叶，小叶边缘具有齿

花为黄色，花瓣近圆形或倒卵圆形

罂粟科 *Papaveraceae*

长白山罂粟

Papaver radicatum

别名：白山罂粟、山罂粟

科属：罂粟科罂粟属

分布：吉林长白山地区

花期

	12	1	
11			2
10			3
9			4
8			5
	7	6	

形态特征

多年生草本植物，植株矮小，高 5～15 厘米，全株被有糙毛。叶基生，卵形至宽卵形，长 1～4 厘米，一至二回羽状分裂，叶柄扁平，长 2～4 厘米，基部扩大成鞘；花葶一至数枚从莲座叶丛中抽出，花单生于花葶顶端，浅杯状，直径 2～3 厘米；花淡黄色或淡黄绿色，花瓣 4 枚，宽倒卵形，长 1.8～2.3 厘米；蒴果较小，倒卵形，长约 1 厘米，密被糙毛；主根呈粗长的圆柱形，长达 15 厘米，具有少数侧根和纤维状细根。

生长习性

喜光照，极耐寒，耐旱、耐瘠薄，环境适应性极强。常生于长白山海拔 1600 米以上的砾石地、砂地、岩石坡和高山冻原带。

小贴士

长白山罂粟的植株矮小，但是花朵却淡雅有韵致，浅黄色的花瓣在风中摇曳，饶有风姿。另外，长白山罂粟可入药，性平，味甘，归大肠经，具有健脾开胃、清热利尿的功效，主要用于辅助治疗泄泻、痢疾、反胃等病症。

花淡黄色或淡黄绿色，花瓣 4 枚，宽倒卵形

花单生于花葶顶端，浅杯状

野罂粟

Papaver nudicaule

别名：山大烟、山米壳、野大烟、岩罂粟、山罂粟、小罂粟、橘黄罂粟

科属：罂粟科罂粟属

分布：河北、山西、内蒙古、黑龙江、陕西、宁夏、新疆等

花期

形态特征

多年生草本植物，株高 20 ~ 60 厘米。茎细弱且极缩短；叶基生，卵形至披针形，长 3 ~ 8 厘米，羽状浅裂、深裂或全裂，裂片再次羽状浅裂或深裂，末回裂片狭卵形、狭披针形或长圆形，叶柄较长，基部鞘状，被有刚毛；花葶呈细长圆柱形，花单独顶生，淡黄色、黄色或橙黄色，稀有红色；花瓣 4 枚，倒卵形或宽楔形；蒴果倒卵状长圆形或倒卵形，密被刚毛，具有 4 ~ 8 肋；种子较小，近肾形，褐色。

生长习性

喜阳光充足的环境，耐寒，怕暑热，忌连作与积水，宜生于排水良好、肥沃的砂质壤土中。常生于海拔 580 ~ 3500 米的山坡草地、林下或林缘。

小贴士

野罂粟株型矮小，花葶细弱，但花色非常丰富，有白色、粉红色、红色、黄色或紫色等，极具观赏价值。许多国家已培育出更为丰富多样的园艺品种，如"仙境""弗拉门戈""欢乐舞会"等，成片种植于向阳山坡或草坪上作为点缀。

叶基生，多次羽裂

花葶呈细长圆柱形，花单独顶生

罂粟科 *Papaveraceae*

血水草

Eomecon chionantha

别名：水黄连、广扁线、捆仙绳、鸡爪连、黄水芋、金腰带

科属：罂粟科血水草属

分布：安徽、浙江、江西、福建、广东、湖南、四川、云南等

花期

12 1 2 3 4 5 6 7 8 9 10 11

形态特征

多年生无毛草本植物，全株具有红黄色的液汁。茎绿色染紫，有光泽；叶基生，心状肾形、卵圆状心形或近心形，稀有心状箭形，长 5 ~ 26 厘米，叶缘波状，表面绿色，背面灰绿色，网脉显著；叶柄细长，绿色而略带蓝灰色，基部具有狭鞘；花葶高 20 ~ 40 厘米，灰绿色略带紫红色，顶生疏花的聚伞状伞房花序；花冠白色，花瓣 4 枚，倒卵形，长 1 ~ 2.5 厘米；蒴果呈细长的椭圆形，长约 2 厘米；根橙黄色，根茎匍匐。

生长习性

喜阴凉湿润的环境，较耐寒，适应性较强。多野生于海拔 700 ~ 2200 米的林下、山谷、溪边等阴湿肥沃地，常成片生长。

小贴士

血水草全草可入药，一般秋季采集，晒干或鲜用。该药性寒，味苦，有小毒，归肝、肾经，有清热解毒、活血化瘀、止痛止血的功效，主要用于治疗咽喉疼痛、口腔溃疡、咳血、目赤肿痛、疔疮肿毒、湿疹、癣疮、毒蛇咬伤、跌打损伤等症。

花葶高 20 ~ 40 厘米，灰绿色略带紫红色

花冠白色，花瓣 4 枚，倒卵形

藿香叶绿绒蒿

Meconopsis betonicifolia

别名：无

科属：罂粟科绿绒蒿属

分布：云南西北部、西藏东南部

花期 12 1 2 3 4 5 6 7 8 9 10 11

形态特征

一年生或多年生草本植物，株高 30 ~ 90 厘米或更高。茎较粗壮，直立生长，不分枝，几乎无毛，具有浅纵纹；基生叶卵形或卵状披针形，长 5 ~ 15 厘米，基部鞘状，叶缘不规则圆裂，两面疏被长柔毛，中脉明显突起；茎生叶与基生叶同形而渐小；花 3 ~ 6 朵簇生于叶腋，花梗极长；花较大，纸质花瓣一般 4 枚，稀有 5 ~ 6 枚，近圆形、宽卵形或倒卵形，天蓝色或紫色；蒴果长圆状椭圆形，长 2 ~ 4.5 厘米，种子近肾形。

生长习性

喜冬季干燥、夏季湿润凉爽的气候，耐寒，不耐强光照射、不耐移植。多野生于海拔 3000 ~ 4000 米的林下或草坡。

小贴士

藿香叶绿绒蒿是高山野生花卉，主要分布在我国的横断山区，是那里的特有植物，它纯净的蓝色花朵是高原地区最美丽的风景之一，也是人们去高原旅游时的重点观光对象。另外，其根茎和全株均可入药，有清热利湿、清肺止咳的功效。

叶卵形或卵状披针形，两面被有长柔毛

花瓣近圆形、宽卵形或倒卵形

蓟罂粟

Argemone mexicana

别名：老鼠蓟、罂子粟、阿芙蓉、御米、米囊、莺粟

科属：罂粟科蓟罂粟属

分布：福建、台湾、广东、海南、云南等

形态特征

　　一年生草本植物。茎高 30 ~ 100 厘米，通常较粗壮，多分枝，疏被黄褐色刺；基生叶密集，倒卵形、宽倒披针形或椭圆形，长 5 ~ 20 厘米，羽状深裂，裂片具有波状齿，齿端有小尖刺，叶柄较短；茎生叶互生，与基生叶同形而渐小，基部半抱茎；花单生或少花集成聚伞花序，总花梗极短；花黄色或橙黄色，花瓣 6 枚，宽倒卵形；蒴果宽椭圆形或长圆形，疏被黄褐色小刺，熟时 4 ~ 6 瓣裂；种子较小，球形，具有显著网纹。

生长习性

　　喜日照充足、高温湿润的环境，耐旱、耐瘠，性强健粗放，不择土质。常野生于海拔 850 ~ 1200 米的荒野地、田边或江边。

小贴士

　　《本草纲目》中记载，蓟罂粟"极繁茂，三四月抽花茎，结青苞，花开则苞脱"，"花大而艳丽，有大红、桃红、红紫、纯紫、纯白色"，甚至"一种而具数色"。今日所见蓟罂粟已不复当年这般花色繁复，而且因相关法律所限，极少能见到它的踪迹了。

花黄色或橙黄色，花瓣 6 枚，宽倒卵形

蒴果宽椭圆形或长圆形，疏被小刺

马鞭草科
Verbenaceae

马鞭草科是双子叶植物纲唇形亚纲的一科，共80多属，3000多种，分布于热带和亚热带地区，我国有21属，175种、31变种、10变型，各地均有分布，主要产于长江以南各地，许多植物可供药用或观赏，少数作为木材使用。

马鞭草科植物多为草本、灌木，有时为乔木，稀为藤蔓植物。叶常对生，稀有轮生或互生，无托叶；花常两性，左右对称，很少辐射对称；花萼常宿存，结果时增大而呈现鲜艳的色彩；花冠下部联合呈圆柱形，上部四至五裂或更多裂，裂片全缘或下唇中间裂片边缘呈流苏状；果实为核果、蒴果或浆果状核果。

比较常见的马鞭草科野花主要来自以下几属：

马鞭草属	马鞭草属植物约有250种，我国有2或3种。该属植物的花序为顶生的穗状花序，稀腋生，花冠管直或稍弯，裂片稍呈二唇形。
假连翘属	假连翘属植物约有36种，我国引进1种。该属植物的花序总状、穗状或圆锥状，顶生或腋生，花冠管圆柱形，直或弯，顶部五裂。
莸属	莸属植物约有15种，我国已知有13种、2变种、1变型。该属植物的花序为聚伞花序、伞房花序或圆锥花序，顶生或腋生，稀单花腋生，花冠管短，檐部五裂，稀有四裂。
大青属	大青属植物约有400种，我国有34种、6变种。该属植物的花序为聚伞花序、近头状花序、伞房状花序或圆锥状花序，顶生、假顶生或腋生，直立或下垂，花冠高脚杯状或漏斗状。
紫珠属	紫珠属植物约有150种，我国有42种。该属植物的花常成簇，白色至粉色，排成聚伞花序。

紫珠

Callicarpa bodinieri

别名：无

科属：马鞭草科紫珠属

分布：河南、江苏、浙江、江西、湖南、广东、四川、云南等

花期

12 1 2 3 4 5 6 7 8 9 10 11

形态特征

灌木植物，株高 2 米左右，小枝、叶柄、叶面和花序均被黄褐色星状毛。茎枝为细长圆柱形，直立或略弯垂；叶椭圆形至卵状长椭圆形，长 7 ~ 18 厘米，叶缘有细齿，中脉在背面明显凸起，叶两面密生暗红色腺点，叶柄较短；多歧聚伞花序，宽 3 ~ 4.5 厘米，花序梗较短；花冠较小，紫色，长约3 毫米；果实球形，熟时为紫色或紫红色，光滑无毛，直径约 2 毫米。

生长习性

喜温和湿润的阴凉环境，怕风、怕旱，宜生于红黄壤中。常野生于海拔 200 ~ 2300 米的林中、林缘及灌丛中，与马尾松、油茶、毛竹、枫香等混生。

小贴士

紫珠株形秀气，花色绚丽，果实色彩鲜艳，珠圆玉润，犹如一颗颗紫色的珍珠，是一种既可以观花又能赏果的优良花卉品种，常用于园林绿化或庭院栽种，也可以盆栽观赏。其果穗还可剪下瓶插或作为切花材料。

叶椭圆形至卵状长椭圆形，叶缘有细齿

果实球形，熟时为紫色或紫红色

马鞭草

Verbena officinalis

别名：紫顶龙芽草、野荆芥、龙芽草、凤颈草、蜻蜓草、退血草

科属：马鞭草科马鞭草属

分布：我国华东、华南和西南大部分地区

形态特征

多年生草本植物，株高 30 ~ 120 厘米。茎呈四方形，直立生长，节和棱上疏被硬毛；叶对生，卵圆形至倒卵形或长圆状披针形，长 2 ~ 8 厘米，基生叶边缘多粗锯齿，茎生叶近乎无柄，多数三深裂，裂片边缘具有不规则锯齿，两面均被硬毛；穗状花序顶生和腋生，长 16 ~ 30 厘米；花较小，淡紫色至蓝色，外被微毛，略似二唇形，有裂片五枚；蒴果长圆形，较小，长约 2 毫米，外果皮比较薄，成熟时会裂成四瓣。

生长习性

喜温和湿润、光照充足的环境，不耐旱，忌水涝，适应性较强，对土壤要求不严。常生于路旁、山坡、水边或林缘。

小贴士

马鞭草全草可供药用，有活血散瘀、理气通经、清热解毒、驱虫止痒、利水消肿的功效，可用于治疗闭经痛经、疟疾、水肿、痈肿疮疔等症。马鞭草的干燥叶片可以搭配柠檬来泡茶，有提神醒脑、促进消化的作用。

株高 30 ~ 120 厘米

花序顶生和腋生，花冠淡紫色至蓝色

假连翘

Duranta repens

别名：番仔刺、篱笆树、洋刺、花墙刺、桐青、白解

科属：马鞭草科假连翘属

分布：我国南方地区

花期

11 12 1
10 2
9 3
8 4
7 5
6

形态特征

　　灌木植物，株高 1.5～3 米。枝条常下垂，有刺或无刺，嫩枝有毛；纸质叶对生，稀轮生，倒卵形、卵状椭圆形或卵状披针形，长 2～6.5 厘米，叶柄长约 1 厘米，有柔毛；圆锥状总状花序顶生或腋生；花萼管状，先端五裂，具有 5 棱，外被毛；花冠较小，淡蓝紫色或蓝色，冠檐五裂，裂片较平展，内外皆被毛；核果较小，球形，直径约 5 毫米，熟时为红黄色，有光泽，完全包于扩大的宿存萼内。

生长习性

　　喜光照充足、温暖湿润的环境，耐半阴、耐水湿，不耐旱、不耐寒，适应性较强。我国南方常见栽培种或逸为野生。

小贴士

　　假连翘树姿优美，花色淡雅，生长旺盛，令人赏心悦目，在缺花的夏季尤其珍贵。而且其枝条柔软，耐修剪，可卷曲为多种形态，适于作为绿篱、绿墙、花廊或攀附于花架上，悬垂于石壁、砌墙上时效果尤佳。

圆锥状总状花序顶生或腋生

花冠较小，淡蓝紫色或蓝色

三花莸

Caryopteris terniflora

别名：野荆芥、黄刺泡、大风寒草、蜂子草、六月寒、金线风、风寒草

科属：马鞭草科莸属

分布：河北、山西、陕西、甘肃、江西、湖北、四川、云南等

花期

12 1 2 3 4 5 6 7 8 9 10 11

形态特征

直立亚灌木植物。茎方形，高 15 ~ 60 厘米，常自基部分枝，密生灰白色弯曲柔毛；纸质叶长卵形、宽卵形或卵圆形，长 1.5 ~ 4 厘米，叶两面皆被柔毛，叶缘生有整齐的钝齿；聚伞花序腋生，通常 3 朵花，偶有 1 朵或 5 朵花；花萼钟状，五裂，裂片披针形；花冠较小，白色、淡红色或紫红色，外被疏柔毛，具有腺点，冠檐近似二唇形，五裂，裂片不等大；蒴果熟后四瓣裂，果瓣倒卵状舟形，表面具有凹凸网纹，密被糙毛。

生长习性

喜光照充足的环境，较耐寒，喜排水良好的土壤。常野生于海拔 550 ~ 2600 米的山坡、荒地、河沟、溪岸边。

小贴士

三花莸为纯野生植物，目前尚无人工引种栽培。其全株可入药，性平，味苦、辛，有祛风除湿、清热解毒、利水消肿、止痛等功效，适用于风湿寒痹、咳嗽痰喘、产后腹痛等症，外用可治痈疽疔肿、毒蛇咬伤及刀伤、烧伤、烫伤等。

聚伞花序腋生，通常 3 朵花

纸质叶长卵形、宽卵形或卵圆形

花冠为白色、淡红色或紫红色

兰香草

Caryopteris incana

别名：宝塔花、山薄荷、独脚球、蓝花草、石母草

科属：马鞭草科莸属

分布：江苏、安徽、浙江、江西、湖南、湖北、福建、广东、广西等

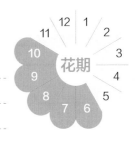

花期

形态特征

　　小灌木植物，株高 26 ~ 60 厘米。嫩枝呈细长圆柱形，绿色而略带紫色，被有灰白色柔毛，老枝几乎无毛；叶厚纸质，长圆形、卵形或披针形，长 1.5 ~ 9 厘米，叶缘具有粗齿，稀近全缘，叶两面有黄色腺点，背脉显著；聚伞花序腋生和顶生，多花密集；花萼杯状，檐部五裂，裂片披针形；花冠较小，淡蓝色或淡紫色，冠檐五裂，近似二唇形，下唇中裂片较大，边缘有睫毛；蒴果较小，倒卵状球形，表面被有粗毛，瓣缘具有宽翅，抱着种子。

生长习性

　　喜光照充足的环境，喜排水良好的土壤。多生于较干旱的路旁、田边、山坡或林缘。

小贴士

　　兰香草全草或带根全草可入药，常于夏季和秋季采收，切段后晒干或鲜用。性温，味辛，有疏风解表、祛寒除湿、消肿解毒、散瘀止痛等功效，常用于治疗风湿骨痛、湿疹、百日咳、慢性气管炎、胃肠炎、月经不调、产后瘀血腹痛、跌打肿痛等症。

聚伞花序腋生和顶生，多花密集

花冠较小，淡蓝色或淡紫色

圆锥大青

Clerodendrum paniculatum

别名：龙船花

科属：马鞭草科大青属

分布：福建、台湾、广东

花期

形态特征

灌木植物，株高约 1 米。小枝四棱形，干后深沟槽显著，被有短柔毛或近乎无毛；叶片宽卵状圆形或宽卵形，长 5 ～ 17 厘米，叶缘 3 ～ 7 浅裂呈角状，角稍尖，两面疏被短伏毛或近乎无毛，掌状叶脉显著；叶柄较长，具有凹槽，被有黄褐色短柔毛；聚伞花序较大型，多花密集，组成顶生的塔形圆锥花序；花冠大红色，花瓣 5 枚，较平展，长圆形或倒卵形；果实较小，近球形，直径 5 ～ 9 毫米，变干后网纹突起，具有宿存萼。

生长习性

喜温和且光照充足的环境，喜湿润的土壤。常野生于低海拔地区的密林下、水岸边、山坡背阴处等较为潮湿的地方。

小贴士

圆锥大青在台湾地区被称为"龙船花"，但我国其他地方所称的龙船花是另一种茜草科的植物，二者大不相同，文献中遇到时需要注意区分。在外形上与圆锥大青极为相似的是其近亲赪桐，二者最大的不同在于叶片，赪桐的叶片呈心形，而圆锥大青的叶子则 3 ～ 7 浅裂呈角状。

聚伞花序较大型，多花密集

花大红色，花瓣 5 枚，长圆形或倒卵形

海州常山

Clerodendrum trichotomum

别名：臭梧桐、臭桐、八角梧桐

科属：马鞭草科大青属

分布：我国华北、中南、西南地区及辽宁、甘肃、陕西

花期
12 1 2 3 4 5 6 7 8 9 10 11

形态特征

灌木或小乔木植物，高1.5～10米。老枝具有皮孔，灰白色，有淡黄色薄片状横隔；纸质叶卵状椭圆形、卵形或三角状卵形，长5～16厘米，嫩叶两面被毛，老叶仅背面被毛，全缘或边缘具有波状齿；伞房状聚伞花序长8～18厘米，顶生或腋生，通常二歧分枝，花较疏散；花萼初绿白色，后紫红色，五深裂；花冠白色或略带粉红色，花冠管细，檐部五裂，裂片长椭圆形；核果较小，近球形，熟时为蓝紫色，包在宿存萼内。

生长习性

喜光照充足的环境，极耐寒，喜排水良好的土壤。常野生于海拔2400米以下的山坡灌丛、荒草坡、林缘等处。

小贴士

海州常山的嫩枝和叶可入药，称为"臭梧桐"，一般在8～10月开花后或6～7月开花前采摘，割取花枝及叶，捆扎成束，晒干。其性寒，味辛、苦，归肝经，可祛风除湿、降血压，主要用于治疗风湿痹痛、偏头痛、疟疾、高血压等症。

花冠白色或略带粉红色，冠檐五裂

核果较小，近球形，熟时为蓝紫色

垂茉莉

Clerodendrum wallichii

别名：无

科属：马鞭草科大青属

分布：云南南部、广西省百色市

花期

形态特征

直立灌木或小乔木植物，株高 2 ~ 4 米。小枝呈翅状或锐四棱形，一般无毛，髓部坚实；叶片近革质，矩圆状披针形或矩圆形，长 11 ~ 18 厘米，全缘或波状缘，叶两面光滑无毛，细脉略显著；多个疏花的聚伞花序通常排列成较大型的圆锥状花序，长 20 ~ 33 厘米，常下垂，花序轴翅状或锐四棱形；花萼裂片卵状披针形，鲜红色或紫红色；花白色，花被片 5 枚，倒卵形；雄蕊和花柱较长，高出花冠；核果近球形，初为黄绿色，熟时为紫黑色，有光泽。

生长习性

喜光照充足、温暖湿润的环境，喜排水良好的土壤。常野生于海拔 400 ~ 2400 米的山坡、沟谷或疏林下。

小贴士

垂茉莉株形高矮适中，花色清雅，花丝细长，花形美丽，像一只翩然欲飞的白蝴蝶，丛植或成片种植时尤其壮观，极具观赏价值。加之花期持久，芳香怡人，果序累累亦诱人，极适合庭院栽培或园林种植，深受人们的喜爱。

叶矩圆状披针形或矩圆形，全缘或波状缘

圆锥状花序疏花，常下垂

雄蕊和花柱较长，高出花冠

核果近球形，初为黄绿色，熟时为紫黑色

花白色，花被片5枚，倒卵形

臭牡丹

Clerodendrum bungei

花期

别名：大红袍、臭八宝、矮童子、野朱桐、臭枫草、臭珠桐、臭脑壳

科属：马鞭草科大青属

分布：河北、河南、陕西、浙江、安徽、江西、湖北、云南、广东等

形态特征

灌木植物，株高1～2米，植株有臭味。小枝近似圆形，具有显著皮孔；纸质叶对生，卵形或宽卵形，长8～20厘米，叶缘生有粗齿或细齿，叶两面散生短柔毛，背面具有腺点，叶柄较长；聚伞花序顶生，小花密集；花萼钟状，萼齿狭三角形或三角形；花冠红色、紫红色或淡红色，花冠管细长，檐部五裂，花被片倒卵形，长5～8毫米；雄蕊和花柱都比较长，明显高于花冠；核果稍大，近球形，熟时呈蓝黑色。

生长习性

喜阳光充足和湿润的环境，耐寒、耐旱，也较耐阴，适应性强。常野生于海拔2500米以下的山坡、林缘、路旁、水沟旁、灌木丛润湿处。

小贴士

臭牡丹叶色浓绿，顶生紧密的头状红花，花朵优美，花期亦长，适宜栽植于坡地、林下或树丛旁，也可作为地被植物。由于它的萌蘖性强，生长密集，还可作为优良的水土保持植物，用于护坡、保持水土。

纸质叶对生，卵形或宽卵形

聚伞花序顶生，小花密集

旋花科
Convolvulaceae

旋花科是双子叶植物纲的一个科，约有 60 属，1650 种，广泛分布在全球各地，主要产于美洲及亚洲的热带和亚热带地区。我国有 22 属，约 125 种，南北均有分布。其中有多种蔬菜和经济作物，有不少药用和观赏植物，有一些为常见杂草。

旋花科植物多为草本、亚灌木或灌木，稀为乔木，常有乳汁。茎缠绕或攀缘，偶有直立；通常单叶互生，叶全缘或不同深度的掌状分裂、羽状分裂甚至全裂；花单生于叶腋，或者少花至多花组成腋生的聚伞花序，有时总状、圆锥状、伞形或头状；花冠漏斗状、钟状、高脚碟状或坛状，冠檐近全缘或五裂；果实通常为蒴果。

比较常见的旋花科野花主要来自以下几属：

牵牛属	牵牛属植物有 24 种，我国有 3 种。该属植物的花大，鲜艳显著，腋生，单一或疏松的二歧聚伞花序，花冠钟状或漏斗状。
旋花属	旋花属植物约有 250 种，我国有 8 种。该属植物的花腋生，聚伞花序或聚伞圆锥花序，花冠钟状或漏斗状，白色、粉红色、蓝色或黄色，具有 5 条不太明显的瓣中带。
打碗花属	打碗花属植物约有 25 种，我国有 5 种。该属植物的花单生或为少花的聚伞花序，花冠漏斗状或钟状，白色或粉红色，具有 5 条明显的瓣中带。
鱼黄草属	鱼黄草属植物约有 80 种，我国约有 16 种。该属植物的花单独腋生或成少花至多花的聚伞花序，花冠漏斗状或钟状，白色、黄色或橘红色，具有 5 条明显的瓣中带。
番薯属	番薯属植物约有 300 种，我国约有 20 种。该属植物的花单生或组成腋生的聚伞花序，有时为伞形至头状花序，花冠漏斗状或钟状，冠檐五边形或五浅裂。
月光花属	月光花属植物有 6～7 种，我国有 3 种，栽培或野生。该属植物的花为白色或紫色，腋生，单一或数朵排成蝎尾状或二歧状聚伞花序，花冠高脚碟状，冠檐宽且略平展。

田旋花

Convolvulus arvensis

别名：小旋花、中国旋花、箭叶旋花、野牵牛、拉拉菀

科属：旋花科旋花属

分布：我国东北、华北、西北地区及山东、江苏、河南、四川、西藏等

形态特征

多年生草质藤本植物，植株近无毛。茎平卧于地或缠绕着他物向上，具有细棱；叶卵状长圆形至披针形，长 1.5 ~ 5 厘米，先端钝或具有小短尖头，基部大多戟形，稀有箭形或心形，全缘或三裂，叶柄长 1 ~ 2 厘米；花腋生，常 1 ~ 3 朵，花梗较细；花冠漏斗形，长约 2 厘米，多为粉红色或白色，外被细柔毛，檐部不明显五浅裂；蒴果较小，长 5 ~ 8 毫米，一般呈圆锥形或球形，无被毛；种子 1 ~ 4 枚，卵圆形，黑色或暗褐色，无毛。

生长习性

喜光照充足的环境，宜生于排水良好的土壤。常野生于耕地、荒坡草地、村边路旁。

小贴士

田旋花对农作物（如小麦、玉米、棉花、大豆等）有危害性，它们常成片生长，铺在地面或缠绕着向上，会强烈抑制农作物生长，造成农作物倒伏。但是田旋花的植株蛋白质含量较高，粗纤维低，氨基酸含量也较全面、均衡，可作为低等饲用植物，牛、羊、马甚至骆驼都可以采食。

茎平卧于地或缠绕着他物向上

花冠漏斗形，多为粉红色或白色

牵牛花
Pharbitis nil

别名：朝颜、碗公花、牵牛、喇叭花

科属：旋花科牵牛属

分布：除西北和东北某些省以外的大部分地区

花期 12 1 2 3 4 5 6 7 8 9 10 11

形态特征

　　一年生缠绕草本植物。茎细弱绵长，匍匐贴地或攀附于他物，被有短柔毛或开展的长硬毛；叶近圆形或宽卵形，深三裂或浅三裂，稀五裂，长 4～15 厘米，叶面具有或疏或密的微柔毛，叶柄长 2～15 厘米，也被毛；花单独腋生或通常 2 朵着生于长短不一的花序梗顶端；花冠漏斗状，长 5～10 厘米，蓝紫色、莹蓝色或紫红色，花冠管颜色较淡；蒴果近球形，直径为 0.8～1.3 厘米，熟时三爿裂；种子多数，较小，卵状三棱形，黑褐色或棕褐色。

生长习性

　　喜阳光充足的冷凉环境，也能耐半阴和暑热高温，耐水湿和干旱，较耐盐碱，不耐寒，怕霜冻。常野生于海拔 100～1600 米的山坡灌丛、屋旁、路边。

小贴士

　　牵牛花约有 60 多种，除野生品种外，常见栽培的有以下三种：裂叶牵牛、圆叶牵牛、大花牵牛。其中，裂叶牵牛和圆叶牵牛最大的区别在于叶片的形状，大花牵牛与前两者的区别在于花冠更大、花色更丰富。

未开放的牵牛花花苞

叶近圆形或宽卵形，深三裂或浅三裂

茎细弱绵长，匍匐贴地或攀附于他物

花冠漏斗状，长 5 ~ 10 厘米

花冠为蓝紫色、莹蓝色或紫红色，花冠管部颜色较淡

打碗花

Calystegia hederacea

别名： 燕覆子、蒲地参、兔耳草、富苗秧、扶秧、钩耳藤、喇叭花

科属： 旋花科打碗花属

分布： 我国大部分地区

花期

12 1 2 3 4 5 6 7 8 9 10 11

形态特征

多年生草质藤本植物，全体无毛，植株矮小。茎纤弱，常自基部分枝，多平卧于地，具有细棱；基生叶呈长圆形，顶端稍圆，基部戟形；上部叶片似基生叶而略小，叶片顶端略尖；花单生于叶腋，花梗较叶柄稍长；萼片矩圆形，顶端稍钝，内层萼片较短；花冠呈钟状，通常淡红色或淡紫色，冠檐微裂或近似截形；子房无毛，柱头二裂；蒴果呈卵球形，种子黑褐色，表面有小疣；根状茎细长，白色。

生长习性

喜阳光充足、温和湿润的环境，半耐寒，耐贫瘠。多生于海拔 100 ~ 3500 米的田野、荒坡、林下及路边等处。

小贴士

打碗花与喇叭花极为相似，但并非同种。其嫩茎叶焯水后可凉拌、炒食或做汤，还可以切碎后用来煮粥或烙菜饼，都别具风味。其根状茎有毒，不可食，但可入药，能健脾益气、促进消化、调经止带。花也可入药，能止痛，多外用于治疗牙痛。

叶片基部通常呈戟形，顶端稍尖

花冠呈钟状，淡红色或淡紫色

鱼黄草

Merremia hederacea

别名：篱栏网、篱网藤、茉栾藤、小花山猪菜、金花茉栾藤

科属：旋花科鱼黄草属

分布：广西、四川、山东、河北、云南、贵州、浙江、湖南、江苏等

花期

形态特征

　　一年生细弱缠绕草本植物。茎纤细，长1～3米，具有细棱，无毛或疏被长硬毛，偶尔具有小疣状突起，下部贴地的茎上生有须根；叶片互生，卵状心形，长1.5～7.5厘米，全缘或具有不规则粗齿、锐裂齿，有时三裂；叶柄细长，具有小疣状突起；聚伞花序疏花，腋生，偶为单生；黄色小花钟状，长0.8厘米，内面近基部有长柔毛；蒴果棕褐色，扁球形或宽圆锥形，熟时四片裂，内含种子4粒，被有锈色短毛，三棱状球形。

生长习性

　　喜光照充足的环境，喜排水良好的土壤。常野生于海拔600～2800米的灌丛、路边草丛、田边及山坡，尚未由人工引种栽培。

小贴士

　　鱼黄草全草可入药，一般夏季采收，洗净后鲜用或晒干后备用。该药性凉，味甘、淡，归脾、肾经，有清热解毒、下火利咽、散瘀消肿等功效，常用于治疗感冒、咽喉炎、急性扁桃体炎、疮痈肿毒、下肢肿痛等症。

小花数朵腋生，偶为单生

花冠钟状，冠檐为黄色，基部为白色

马鞍藤

Ipomoea pes-caprae

别名：厚藤、鲎藤、二叶红薯、狮藤、马蹄金、马蹄草、海茹藤

科属：旋花科番薯属

分布：浙江、福建、台湾、广东、海南、广西

花期

12 1 2 3 4 5 6 7 8 9 10 11

形态特征

　　多年生草本植物，全株光滑无毛。茎纤细且极长，匍匐于地；厚革质叶互生，叶片形如马鞍，先端明显凹陷或接近二裂，长 4 ~ 8 厘米，叶柄较长，可达 12 厘米；聚伞花序疏花，花冠直径约 8 厘米；花萼宽卵形或椭圆形，一般为 5 片，宿存且离生；花冠较小，漏斗状，檐部五浅裂，淡紫红色或粉红色；蒴果呈球形，光滑无毛，直径为 9 ~ 16 毫米，初为黄绿色，熟时则变成棕褐色；种子较小，黑褐色，密被柔毛。

生长习性

　　喜阳光充足、高温干燥的环境，耐盐、耐旱，抗风，不耐寒、不耐阴。多生于靠海的山坡、海滨沙滩上及路边向阳处。

小贴士

　　马鞍藤是典型的沙砾海滩植物，它同时也是沙砾不毛之地防风定沙的第一线植物，可改变沙地微环境以利于其他植物生长，具有美化海岸及定沙的功用。另外，马鞍藤还有一定的药用价值，能祛风除湿、散瘀消肿、解毒消痈。

厚革质叶互生，叶片形如马鞍

花冠呈漏斗状，淡紫红色或粉红色

五爪金龙

Ipomoea cairica

旋花科 *Convolvulaceae*

别名：槭叶牵牛、番仔藤、台湾牵牛花、掌叶牵牛、五爪龙

科属：旋花科番薯属

分布：福建、广东、广西、海南、台湾和云南

形态特征

多年生缠绕草本植物，全株无毛，老时会有块根。茎纤弱细长，具有细棱，偶尔有小疣状突起；叶掌状五深裂或全裂，裂片卵形、卵状披针形或椭圆形，全缘或不规则微波状，基部二裂片通常再二裂，叶柄较长；聚伞花序疏花，腋生，花序梗长 2～8 厘米；花冠呈漏斗状，长 5～7 厘米，紫色、紫红色或淡红色，稀有白色；蒴果近球形，直径约 1 厘米，熟时四瓣裂；种子较小，多数，黑色，边缘被有褐色柔毛。

生长习性

喜阳光充足、温暖湿润的气候，宜生于疏松、肥沃的土壤中，攀爬力极强。多生于海拔 90～610 米的平地或山地的向阳处，如围墙、屋檐、路旁灌丛等处。

小贴士

五爪金龙的根和茎叶可供药用，根随时可采挖，茎叶一般秋季采收，切段晒干。该药性寒，味甘，无毒，归肝、肺、肾、膀胱四经，有清热解毒、利水消肿的功效，常用于治疗肺热咳嗽、小便不利、尿血、痈疽肿痛、毒疮等症。

叶掌状五深裂或全裂，基部二裂片通常再二裂

花冠呈漏斗状，紫色、紫红色或淡红色

月光花

Calonyction aculeatum

别名：天茄儿、夕颜、嫦娥奔月

科属：旋花科月光花属

分布：陕西、江苏、浙江、江西、广东、广西、四川、云南

花期

形态特征

　　一年生缠绕草本植物，全株具有乳汁。茎细圆柱形，长可达 10 米，近平滑或稍具软刺；叶卵形，长 10 ~ 20 厘米，基部心形，全缘；花夜间开放，具有芳香，一至数朵排列成总状花序，有时花序轴呈"之"字形曲折；萼片绿色，卵形，具有长芒；花冠稍大，漏斗形，雪白色或略带淡绿色，花冠管较短，冠檐五浅裂，裂片先端钝圆；蒴果卵形，顶端具有锐尖头，果柄粗厚；种子光滑无毛，黄白色或褐色。

生长习性

　　喜日光充足的温暖环境，不耐寒，遇霜冷即冻死，对土壤要求不严。常野生于海拔较低的向阳且湿润的地方。

小贴士

　　月光花的大花洁白莹润，形似满月，而且在夜间开放，故而得名。月光花生长迅速，可用来装饰庭院篱笆或长廊，还可作为垂直绿化的材料。另外，月光花的全草和种子均可入药，全草可治蛇咬伤，种子可治骨折、跌打损伤等症。

花冠稍大，漏斗形，雪白色或略带淡绿色

叶卵形，长 10 ~ 20 厘米，基部心形

十字花科
Cruciferae

十字花科为双子叶植物纲的一科，有300多属，约3200种，主要产地为北温带地区，尤以地中海区域分布较多。我国有95属，425种、124变种、9变型，全国各地均有分布，以西南、西北、东北高山区及丘陵地带为多。

十字花科植物多为一年生、二年生或多年生草本植物，很少呈亚灌木状，常具有辛辣气味，植株被毛各式各样。茎形态变化较大，直立或铺散；基生叶呈旋叠状或莲座状；茎生叶常互生，全缘、有齿或分裂、深浅不等的羽裂，基部有时抱茎或半抱茎；花整齐，两性，多数聚集成顶生或腋生的总状花序；花瓣4片，十字形排列，白色、黄色、粉红色、淡紫色、淡紫红色或紫色；果实为长角果或短角果，熟后自下而上二或四果瓣开裂；根有时膨大成肥厚的块根。

比较常见的十字花科野花主要来自以下几属：

芸薹属	芸薹属植物在我国有13个栽培种、11变种、1变型。该属植物一般为顶生的总状花序，花黄色，稀为白色，花瓣具有长爪。
诸葛菜属	诸葛菜属植物有2种，我国有1种。该属植物的花大而美丽，紫色或淡红色，花瓣4枚，十字形排列。
莽属	莽属植物约有5种，我国有1种。该属植物的花较小，总状花序伞房状，花瓣白色，匙形。
碎米荠属	碎米荠属植物约有160种，我国有39种、29变种。该属植物为总状花序，花瓣白色、淡紫红色或紫色，倒卵形或倒心形。
播娘蒿属	播娘蒿属植物有40多种，我国有2种。该属植物的花序为伞房状，花小且多，花瓣黄色，卵形，具有爪。
菥蓂属	菥蓂属植物约有60种，我国有6种。该属植物的总状花序为伞房状，花瓣白色、粉红色或带有黄色，长圆状倒卵形。
芝麻菜属	芝麻菜属植物有5种，我国有1种。该属植物的花大，黄色，有棕色或紫色条纹，排成总状花序，花瓣为短倒卵形，有长爪。

芝麻菜

Eruca sativa

别名：臭菜、东北臭菜

科属：十字花科芝麻菜属

分布：黑龙江、辽宁、内蒙古、河北、山西、陕西、新疆、四川等

形态特征

一年生草本植物，株高 20 ~ 90 厘米。茎直立生长，上部常分枝，疏生硬长毛或近乎无毛；基生叶及下部叶大头羽状分裂或不裂，长 4 ~ 7 厘米，叶柄长 2 ~ 4 厘米；上部叶无柄，具有 1 ~ 3 对裂片；总状花序具有多数花，排列较疏；花直径为 1 ~ 1.5 厘米，花瓣 4 枚，十字形排列，初为黄色，后变为白色，具有紫色纹路，短倒卵形，基部有长爪；长角果圆柱形，长 2 ~ 3 厘米，果梗极短；种子为棕色，较小，卵形或近球形，有棱角。

生长习性

对环境要求不严格，具有很强的抗旱和耐瘠薄能力。在海拔 1400 ~ 3100 米的路旁、荒地、山坡均可生长。整个生长期为 50 ~ 60 天。

小贴士

新鲜芝麻菜的嫩茎叶是营养丰富的蔬菜，食用前需彻底清洗，可与肉汤、沙拉、马铃薯和面粉一起做成独具风味的菜，也可以与其他蔬菜蘸酱食用。此外，芝麻菜的种子含油量达 30%，可榨油供食用。芝麻菜有兴奋、利尿和健胃的功效，也可治疗久咳。

花瓣为黄色，后变为白色，具有紫色纹路

总状花序具有多数花，排列较疏

十字花科 *Cruciferae*

二月兰

Orychophragmus violaceus

别名：诸葛菜、二月蓝、紫金草

科属：十字花科诸葛菜属

分布：我国东北、华北及华东地区

花期

形态特征

　　一年生或二年生草本植物。植株无毛，高 10～50 厘米；茎直立，基部或上部有分枝，浅绿色或略带紫色；基生叶和下部的茎生叶大头羽状全裂，叶片边缘有钝齿，长 3～7 厘米，叶柄较长，被有疏柔毛，上部叶呈长圆形或狭卵形，叶缘具有不规则小齿；花冠紫色、淡红色或白色，直径为 2～4 厘米，4 枚花瓣十字形排列，宽倒卵形，上有细密的脉纹；长角果线形，具有 4 棱，种子卵形至长圆形。

生长习性

　　喜光照充足的环境，耐寒、耐阴，喜排水良好的土壤，适应性强。常生于平原或山地的路旁、田边或杂木林边缘。

小贴士

　　二月兰是中国北方早春季节最常见的野花之一，花形优美，花色淡雅。二月兰还可作为一种野菜食用，其嫩茎叶营养丰富，食法多样，深受人们喜欢。此外，二月兰全草可入药，具有清热解毒、消炎杀菌、开胃下气、利湿消肿等功效。

上部叶长圆形或狭卵形，叶缘具有不规则小齿

花冠紫色、淡红色或白色

荠菜

Capsella bursa-pastoris

别名：扁锅铲菜、地丁菜、地菜、靡草、花花菜、菱角菜

科属：十字花科荠菜属

分布：我国各地

花期

形态特征

一年生或二年生草本植物，株高 10 ~ 50 厘米。茎较纤细，直立生长，单一或基部分枝；基生叶丛生，常呈莲座状排列，大头羽状分裂，长可达 12 厘米；茎生叶抱茎，羽状分裂，叶片卷缩，边缘有缺刻或锯齿，质脆易碎，灰绿色或橘黄色；总状花序顶生和腋生，果期延长可达 20 厘米；小花白色，卵形花瓣 4 枚，长 2 ~ 3 毫米，十字形排列；角果倒心状三角形，顶端微凹，扁平无毛；种子浅褐色，长椭圆形。

生长习性

喜冷凉湿润的气候，耐阴，较耐寒，环境适应性强，对土壤要求不严，极易生长。多生于田野、山坡及路旁。

小贴士

荠菜是野菜中味道最鲜美的，因为它所含的氨基酸达 11 种之多。荠菜不仅美味可口，而且营养丰富，蛋白质、钙、维生素 C 的含量尤其高，钙含量超过豆腐，胡萝卜素含量与胡萝卜相仿。人们常用荠菜的嫩茎叶和鸡蛋或鲜肉一起做馅包饺子，清香可口，风味独特。

十字花科 *Cruciferae*

株高 10 ~ 50 厘米

总状花序顶生和腋生，小花白色

角果倒心状三角形，扁平无毛

油菜花
Brassica campestris

别名： 芸薹、寒菜、胡菜、苦菜、薹芥、佛佛菜

科属： 十字花科芸薹属

分布： 我国南北各地

花期

形态特征

　　一年生草本植物，植株笔直丛生。茎直立，少分枝，高 30 ~ 90 厘米；基生叶匍匐生长，旋叠状排列，椭圆形，大头羽状分裂，密被蜡粉，有叶柄；茎生叶一般互生，下部茎生叶羽状半裂，上部茎生叶披针形，全缘或有枝状细齿，基部抱茎；总状花序生于主茎或分枝的顶端；花黄色，花瓣 4 枚，十字形排列；长角果条形，长 3 ~ 8 厘米，由两片荚壳组成，各有 10 个左右的种子；种子球形，紫褐色、深红色或黑色。

生长习性

　　喜光照充足的冷凉环境，抗寒力较强，喜疏松肥沃、排水良好的土壤。一般生长在气候相对较湿润的地方。

小贴士

　　油菜花的食用方法较多，其未开花的嫩茎叶可以焯水后凉拌，也可以大火清炒或搭配其他荤素食材炒食，还可以用来做汤；种子含油量很高，可以榨油食用；油菜花入药，味甘，性凉，有行滞活血、消肿解毒、宽肠通便的功效；油菜花的颜色明艳，馨香扑鼻，有一定的观赏性。

未开放的油菜花花苞

总状花序顶生

花冠为黄色，花瓣 4 枚，十字形排列

油菜花是南方主要的蜜源植物

植株笔直丛生

碎米荠

Cardamine hirsuta

别名：白带草、宝岛碎米荠、见肿消、毛碎米荠、雀儿菜、碎米芥

科属：十字花科碎米荠属

分布：我国各地

花期

形态特征

　　一年生小草本植物，株高 15 ~ 35 厘米。茎纤弱，直立或斜升，有时分枝，有时不分枝，下部偶带淡紫色，被有柔毛；基生叶柄稍长，具有小叶 2 ~ 5 对，顶生小叶最大，肾形或肾圆形；茎生叶柄较短，具有小叶 3 ~ 6 对，顶生小叶肾圆形或菱状长卵形；总状花序顶生，小花多数，花梗纤细；白色花瓣 4 枚，倒卵形，呈十字形排列；长角果为稍扁的细线形，长达 3 厘米，外皮无毛，果梗纤细；种子极小，褐色或黑色，椭圆形。

生长习性

　　耐阴、耐寒，喜较湿润的土壤。多生于海拔 1000 米以下的山坡、田间、路旁、荒地中。

小贴士

　　碎米荠含有蛋白质、脂肪、碳水化合物、多种维生素、矿物质，是我国田间常见的野菜，可凉拌、做汤、做馅，味道清鲜，营养丰富，是一种优质野菜。此外，碎米荠还有一定的药用价值，其干燥全草可入药，性平，味甘，有祛风除湿、清热解毒等功效。

基生叶具有小叶 2 ~ 5 对，顶生小叶肾形或肾圆形

总状花序顶生，小花多数，白色

播娘蒿

Descurainia sophia

别名：大蒜芥、米米蒿、麦蒿

科属：十字花科播娘蒿属

分布：我国东北、华北、华东、西北、西南地区

花期

形态特征

　　一年生或二年生草本植物，全株呈灰白色。茎直立生长，高20～80厘米，具有凹槽，上部多分枝，密被短柔毛；叶长圆状披针形或长圆形，长3～7厘米，二至三回羽状全裂或深裂，末回裂片条形或极狭长的圆形，叶柄自下而上渐短甚至近于无柄；总状花序顶生，多花密集；花极小，黄色花瓣4枚，匙形；长角果狭圆筒状，稍内曲，长2～3厘米，淡黄绿色；种子较小，每室一行，红褐色，稍扁的长圆形，表面具有细网纹，潮湿后发黏。

生长习性

　　喜光照充足的环境，对土壤要求不严，适应性强。常野生于田间、路旁、荒地、沟谷、山地、草甸等处。

小贴士

　　播娘蒿的种子可入药，夏季果实成熟时采收植株，晒干，打下种子，簸去杂质，晒干备用。此药味辛、苦、性大寒，有利水消肿、泻肺祛痰、定喘止咳等功效，可用于治疗面目浮肿、水肿、胸腹积水、痰饮喘咳、二便不利以及肺原性心脏病。一般水煎服，6～10克，或者入丸、散。

总状花序顶生，小黄花密集

长角果狭圆筒状，稍内曲，淡黄绿色

菥蓂
Thlaspi arvense

别名：遏蓝菜、败酱草、犁头草

科属：十字花科菥蓂属

分布：我国各地

形态特征

　　一年生草本植物，株高 20 ~ 40 厘米，全株无被毛。茎纤细直立，淡绿色，单一或分枝，具有纵棱；基生叶倒卵状椭圆形，早落；茎生叶多长卵形，先端圆钝，基部抱茎呈箭形，长 3 ~ 5 厘米，叶缘有疏齿；总状花序顶生，小花白色，花梗纤细，4 枚花瓣呈十字形排列，花瓣呈长圆状倒卵形，先端圆钝或稍缺；短角果近圆形或宽倒卵形，二室，扁平，先端凹缺，边缘有翅；种子较小，扁平状倒卵形，黄褐色。

生长习性

　　喜光照充足的环境，耐寒，喜排水良好的土壤。多野生于平地的路边、荒地、草地、林边或村舍的附近。

小贴士

　　菥蓂的种子油可用来制肥皂，也可作润滑油，还可食用。其全草、嫩苗和种子均可入药，味苦、辛，性平，有清热解毒、消肿排脓、和胃止痛、利肝明目的功效。此外，菥蓂的新鲜苗叶是一种不错的野菜，洗净焯水并冷水淘洗后可凉拌、炒食或做馅，风味特别。

总状花序顶生，小花白色

短角果近圆形，扁平，边缘有翅

报春花科
Primulaceae

报春花科约有22属，800种，广布全球，但主要产于北半球温带和较寒冷地区。我国有12属，约500种，全国各地都有分布，但以西南山区为多。

报春花科植物多为一年生或多年生草本，稀为亚灌木。茎直立或匍匐，具有互生、对生或轮生叶，或者无地上茎而叶全部基生，并常形成稠密的莲座丛；花单生或组成总状、伞状或穗状花序，两性，辐射对称；花冠下部合生成短或长的筒状，上部常五裂；蒴果通常五齿裂或瓣裂，稀有盖裂。

比较常见的报春花科野花主要来自以下几属：

报春花属	报春花属植物约有500种，我国有293种、21亚种、18变种。该属植物的花通常排成伞形花序，有时成总状花序、短穗状花序或近头状花序，花冠漏斗状或钟状，花瓣五基数。
点地梅属	点地梅属植物约有100种，我国有71种。该属植物的花小，白色或红色，花冠高脚碟状或近轮状，裂片5枚。
珍珠菜属	珍珠菜属植物约有180多种，我国有132种、1亚种、17变种。该属植物的花常排成顶生或腋生的总状花序或伞形花序，有时会成近头状花序或圆锥状花序，花冠白色或黄色，稀有淡红色或淡紫红色。
七瓣莲属	七瓣莲属植物有2种，我国有1种。该属植物的花单生于茎端叶腋，花冠辐状，白色，筒部极短，通常七裂，裂片在花蕾中旋转状排列。
琉璃繁缕属	琉璃繁缕属植物有28种，我国有1种。该属植物的花单独腋生，花冠绯红色、青蓝色或白色，五深裂，裂片在花蕾中旋转状排列。

琉璃繁缕

Anagallis arvensis

别名：海绿、四念癀、龙吐珠、九龙吐珠

科属：报春花科琉璃繁缕属

分布：浙江、福建、广东、台湾

花期

形态特征

　　一年生或二年生草本植物，植株较矮小，高 10 ~ 30 厘米。茎呈四棱形，棱边狭翅状，匍匐蔓延贴地或上升，基部多分枝，主茎不明显；叶较小，交互对生或有时三枚轮生，狭卵形或卵圆形，全缘，先端稍锐尖或钝，无柄；花单生于叶腋，花梗长 2 ~ 3 厘米，较纤细；花较小，直径不足 1 厘米，花冠辐状，橘红色或深蓝色，分裂几乎达到基部，花被片一般 5 枚，倒卵形；蒴果球形，直径约 3.5 毫米。

生长习性

　　喜光照充足的温暖气候，不耐寒，对土壤要求不严，极易生长。广布于全世界温带和热带地区，常野生于田野及荒地中。

小贴士

　　"琉璃繁缕"这个美丽的名字由两部分组成："琉璃"来源于其花色如琉璃；"繁缕"来源于其叶形似繁缕。另外，琉璃繁缕全草有毒，内服多量后会使消化系统特别是肠受刺激，并麻痹神经系统，这一点在羊身上反应尤其剧烈。

小花单生于叶腋，花梗长 2 ~ 3 厘米，较纤细

花冠辐状，橘红色或深蓝色

七瓣莲

Trientalis europaea

别名：无

科属：报春花科七瓣莲属

分布：吉林、内蒙古、黑龙江、河北等

花期

形态特征

　　纤弱草本植物，株高 5 ～ 25 厘米。茎直立生长，纤细；茎端 5 ～ 10 枚叶片呈轮生状，披针形至倒卵状椭圆形，长 2 ～ 7 厘米，无柄或柄较短，全缘或叶缘具有不明显细圆齿；茎下部叶极稀疏且极小，通常仅有 1 ～ 3 枚，甚至有时呈鳞片状；花单生于茎端叶腋，花梗纤细；花冠白色，花被片一般 7 枚，长圆状披针形，先端锐尖或具有尖头；蒴果较小，具有宿存花萼；根茎横走，较纤细，末端膨大成块状，具有多数须根。

生长习性

　　喜通风良好的半阴环境，对土壤要求不严。多野生于海拔 700 ～ 2000 米的针叶林和混交林下，目前尚未由人工引种栽培。

小贴士

　　植物界七基数的花并不多，而七瓣莲一直比较稳定地有 7 枚花萼、7 枚花瓣、7 枚雄蕊，可以说非常难得了。七瓣莲植株矮小，花叶扶疏，花梗纤细，暮春时节顶生七瓣小白花似莲花样，散生于高树下，幽丽可爱，如森林中的精灵。

花冠白色，花被片一般 7 枚，长圆状披针形

花单生于茎端叶腋，花梗纤细

报春花
Primula malacoides

别名：小种樱草、七重楼

科属：报春花科报春花属

分布：云南、贵州和广西西部

花期

形态特征

　　二年生草本植物，大多数都被粉。叶多数簇生，叶片卵形至长圆形，长 3 ~ 10 厘米，叶缘具有圆齿状浅裂，裂片 6 ~ 8 对，具有不规则小齿，叶脉显著，叶柄长 2 ~ 15 厘米；花葶高 10 ~ 40 厘米，一至多枚，从叶丛中抽出；伞形花序 1 ~ 6 轮，每轮 4 ~ 20 花，花梗纤细；苞片线状披针形或线形，花萼钟形，果时稍增大；花色鲜艳，而且丰富多变，冠檐直径为 5 ~ 15 毫米，花瓣 5 枚，阔倒卵形，先端二裂；蒴果较小，圆球形，直径约 3 毫米。

生长习性

　　喜温凉湿润的半阴环境，忌高温和强光，不耐寒，宜生于排水良好、富含腐殖质的土壤中。多生于海拔 1800 ~ 3000 米的荒野、田边、沟边和林缘。

小贴士

　　报春花是一种常见的花草，株形小巧，花色艳丽，具有一定的观赏价值，常被用来美化家居环境。当大地还未完全复苏时，报春花已悄悄地在林缘、溪畔、草地上开出成片的花朵，向人们报告春天到来的消息。

伞形花序具有多花，花梗纤细

花瓣 5 枚，阔倒卵形，先端二裂

球花报春

Primula denticulata

别名：无

科属：报春花科报春花属

分布：西藏

花期
12 1 2 3 4 5 6 7 8 9 10 11

形态特征

多年生草本植物。叶基生，长圆形至倒披针形，一般长 3 ~ 15 厘米，果期长可达 20 厘米或更长，叶缘具有小齿和缘毛，叶面略被短柔毛或无毛；花葶高 5 ~ 30 厘米，果期更高，无毛或被有短柔毛，无粉或仅上部被粉；花序近头状，多花密集；花冠紫红色或蓝紫色，稀有白色，冠筒口呈黄色，花瓣 5 枚，倒卵形，顶端二深裂；蒴果近球形，比花萼稍短；根茎粗且短，具有多数纤维状长根。

生长习性

喜温凉湿润的半阴环境，不耐霜冻，不耐高温和强烈的直射阳光，宜生于排水良好、富含腐殖质的土壤中。多野生于海拔 2800 ~ 4100 米的阴坡草地、水边和林下。

小贴士

球花报春花形大方，花色美丽，适于庭院美化，目前已广为栽培，并培育出不少园艺品种。另外，该种还有一个亚种是滇北球花报春，除了分布区域的不同，其与球花报春的显著区别在于花葶通常更粗壮，长达叶丛的 6 倍以上，花冠亦稍大。

花序近头状，小花紫红色或蓝紫色，稀有白色

花瓣 5 枚，倒卵形，顶端二深裂

球尾花

Lysimachia thyrsiflora

别名：腋花珍珠菜

科属：报春花科珍珠菜属

分布：黑龙江、吉林、内蒙古东部、山西、云南等

花期

形态特征

　　多年生草本植物，株高 30 ～ 80 厘米。茎圆柱形，直立生长，一般不分枝，绿色或淡红褐色，散生黑色腺点；叶对生，长圆状披针形或披针形，长 5 ～ 16 厘米，基部半抱茎或钝，具有短柄或无柄，叶面具有黑色腺点，背面沿中脉疏被柔毛；多花密集组成圆球状或短穗状总状花序，腋生于茎中部和上部；苞片较小，线状钻形，具有黑色腺点；花冠黄色，一般六深裂，裂片线形；蒴果较小，近球形；地下根茎横走。

生长习性

　　喜光照充足的环境，稍耐寒。常野生于海拔 1890 ～ 1900 米的水边湿草甸、沼泽草甸、沼泽地等。

小贴士

　　球尾花是典型的湿生、沼生植物，能通过自身生长的状况来指示相关环境指标的变化，有一定的水文环境监测功能。其花序为明亮的黄色，在沼泽、湿地等环境中比较鲜明，易于被发现，与其他湿生植物群落一起增加了湿地物种的多样性。

多花密集组成圆球状或短穗状总状花序

叶对生，长圆状披针形或披针形

报春花科 *Primulaceae*

珍珠菜

Lysimachia clethroides

花期

別名：矮桃、红根草、狼尾花、田螺菜、扯根菜、虎尾

科属：报春花科珍珠菜属

分布：我国东北、华北、华东、中南、西南地区及河北、陕西等

形态特征

　　多年生草本植物，株高40～100厘米，全株略被黄褐色柔毛。茎直立生长，细圆柱形，基部略带红色，一般不分枝；单叶互生，阔披针形或长椭圆形，长6～16厘米，叶两面散生黑色腺点，具有短柄或几乎无柄；总状花序顶生，小花密集，常偏向一侧，果期增长；苞片线状钻形，稍长于花梗；花萼裂片椭圆状卵形，边缘膜质，具有腺状柔毛；花冠白色，较小，基部合生，上部裂片狭长圆形；根茎淡红色，横走。

生长习性

　　喜温暖、耐高温、耐寒，对土壤适应性较强。常野生于海拔300～1700米的山坡林下、路旁、草地、田边或溪边近水潮湿处。

小贴士

　　珍珠菜营养丰富，其嫩梢、嫩叶富含矿物质元素，尤其是钾，而且全年可采，极具开发价值，是潮州菜式中的必需品之一，可做蛋花汤或凉拌菜等。珍珠菜还有一定的药用价值，性平，味辛、涩，有清热化湿、消肿利水、活血调经的功效。

多年生草本，株高40～100厘米

单叶互生，阔披针形或长椭圆形

总状花序顶生，小花密集

毛黄连花

Lysimachia vulgaris

别名：无

科属：报春花科珍珠菜属

分布：新疆西部

花期

形态特征

直立草本植物，株高 60 ~ 120 厘米，株形塔状，根茎横走。茎直立生长，细长圆柱形，有时具有纵沟纹，被有短柔毛，基部略粗，通常多分枝；叶通常 3 枚轮生，卵状披针形，长 6 ~ 17 厘米，叶缘微波状，网脉明显，叶柄较短；多个总状花序组成大型的圆锥花序，顶生；花不大，花冠深黄色，分裂几乎达到基部，花被片多为 5 枚，椭圆形，先端稍钝或锐尖，具有明显脉纹；蒴果较小，褐色，直径约 3 毫米。

生长习性

喜光照充足的环境，对土壤要求不严，适应性强，耐干旱、耐瘠薄。常野生于海拔 500 ~ 700 米的沟边和芦苇地中。

小贴士

毛黄连花与黄连花除了分布地域不同，最主要的区别在于叶子和花瓣。前者的叶子 3 枚轮生，后者的叶子 3 ~ 4 枚轮生。前者的花瓣呈椭圆形，先端稍钝或锐尖，排列较紧密；后者的花瓣呈长圆形，比前者稍窄，先端圆钝，排列较疏。

花被片多为 5 枚，椭圆形，先端稍钝或锐尖

叶通常 3 枚轮生，卵状披针形

报春花科 *Primulaceae*

临时救

Lysimachia congestiflora

别名：聚花过路黄、黄花珠、九莲灯、大疮药、爬地黄

科属：报春花科珍珠菜属

分布：陕西、甘肃以及长江以南各省、自治区

花期

12	1
11	2
10	3
9	4
8	5
7	6

形态特征

多年生草本植物。茎下部匍匐贴地，上部及分枝上升，茎枝呈圆柱形，密被卷曲柔毛；叶对生，阔卵形、卵形或近圆形，长1.4～4.5厘米，先端钝或锐尖，基部截形或近圆形，两面略被糙伏毛，网脉纤细，不明显，叶柄较短；花2～4朵集生于茎端或枝端，组成近头状的总状花序，花梗极短；花冠黄色，内面基部紫红色，花瓣5枚，稀有6枚，卵状椭圆形至长圆形；蒴果较小，球形，直径为3～4毫米。

生长习性

适应性强，易生长。常野生于海拔300～2100米的林缘、水沟边、田埂上、山坡草地等湿润处，目前尚未由人工引种栽培。

小贴士

关于临时救这一名字的来历，据《植物名实图考》记载："土医以治跌损，云伤重垂毙，灌之可活，故名。"临时救全草可入药，性凉，味苦，无毒，有清热解毒、消积散瘀的功效，可用于治疗小儿疳积、经闭、风寒头痛、咽喉肿痛、肾炎水肿、跌打损伤、痈疽疔疮等症。

花冠黄色，内面基部紫红色

花瓣多为5枚，卵状椭圆形至长圆形

点地梅

Androsace umbellata

别名：喉咙草、铜钱草

科属：报春花科点地梅属

分布：我国东北、华北地区和秦岭以南各省、自治区

花期

形态特征

一年生或二年生细弱草本植物，全株被有节状细柔毛。无茎；叶基生，平铺于地面，卵圆形或近圆形，直径为 5 ~ 20 毫米，叶缘有三角状钝齿，两面均被短柔毛，叶柄较长；花葶数枚，高 4 ~ 15 厘米，被有白色短柔毛，通常从叶丛中抽出，组成疏花的伞形花序；花冠较小，白色，喉部黄色，花瓣 5 枚，倒卵状长圆形；蒴果近球形，具有宿存萼，先端五片裂；种子长圆状多面体形，棕褐色；主根不明显，具有多数须根。

生长习性

喜温暖湿润的向阳环境，耐寒、耐瘠薄，环境适应性较强。常野生于山野草地、河谷滩地、疏林下或路旁等处。

小贴士

点地梅的全草可以入药，一般清明节前后采收全草，晒干。该药属于清热药，性微寒，味苦、辛，归肺、肝、脾经，有清热解毒、消肿止痛的功效，常用于治疗咽喉肿痛、目赤头痛、牙痛、风湿痹痛、疔疮肿毒、烧伤烫伤、跌打损伤等症。

花白色，喉部黄色，花瓣 5 枚，倒卵状长圆形

花葶数枚，高 4 ~ 15 厘米

报春花科 *Primulaceae*

索引